平法结构钢筋图解读

高竞 著

中国建筑工业出版社

图书在版编目（CIP）数据

平法结构钢筋图解读/高竞著．—北京：中国建筑工业出版社，2009
ISBN 978-7-112-11217-3

Ⅰ．平… Ⅱ．高… Ⅲ．钢筋-建筑结构-结构计算-图解 Ⅳ．TU392.2-64

中国版本图书馆 CIP 数据核字（2009）第 151929 号

本书共十五章。包括：概述、梁的集中标注内容及其图示方法、梁的原位标注及其图示方法、悬挑梁与加腋梁的标注及其图示方法、框架柱的规格标注及其图示方法、多层中柱变截面处过渡纵向筋、多层边柱变截面处过渡纵向筋、多层具有变截面的角柱、框架中顶层的柱筋、框支梁和框支柱的规格标注及其图示方法、剪力墙、板式楼梯、楼板、无梁楼盖板的图示解读、筏形基础。全书均用双线条绘制钢筋的施工绑扎，清楚地表现钢筋位置前后的可见性——显现与隐蔽。以图形进行更直观、更形象的讲解，以便读者更容易理解和接受，此为本书的初衷。

本书可作为高级建筑工程技师的培训参考书，也可供建筑工程监理人员和土建类大专院校师生参考。

* * *

责任编辑：张梦麟
责任设计：张政纲
责任校对：兰曼利　梁珊珊

平法结构钢筋图解读
高竞　著

*

中国建筑工业出版社出版、发行（北京西郊百万庄）
各地新华书店、建筑书店经销
北京永峥排版公司制版
北京建筑工业印刷厂印刷

*

开本：787×1092毫米　1/16　印张：12　字数：292千字
2009年11月第一版　2017年1月第十次印刷
定价：**29.00**元
ISBN 978-7-112-11217-3
（18435）

版权所有　翻印必究
如有印装质量问题，可寄本社退换
（邮政编码　100037）

前 言

本书是《平法制图的钢筋加工下料计算》一书的姊妹篇。

今天的《混凝土结构》学科,在20世纪50年代初,称为《钢筋混凝土结构》。它源于前苏联的学科名称——《ЖЕЛЕЗОБЕТОННЫЕ КОНСТРУКЦИИ》。而在西方,称为"CONCRETE STRUCTURE"。1966年,我国颁发了《钢筋混凝土结构设计规范》。以后1974年、1989年、2002年曾数次修改颁发新规范,废止旧规范,2002年颁发的《混凝土结构设计规范》GB 50010—2002,也就是目前执行的规范,去掉了"钢筋"两个字。看来,修改后的规范名称叫法,和西方的叫法一致。

2000年7月17日,中华人民共和国建设部批准了《混凝土结构施工图平面整体表示方法制图规则和构造详图》,并通知相关设计单位执行。此后,设计单位所设计的混凝土结构施工图,采用了平面整体表示方法制图规则出图。与传统的混凝土结构施工图比较,以框架结构图中梁柱为例,只绘制梁柱的结构平面施工图——二维图。人们知道,二维图形是不能表达物体的空间形状的。但是,它是以文字的形式替代表达三维空间形状的。这里的文字标注,可以写出梁或柱的混凝土模板尺寸和梁长、层高等尺寸;钢筋的强度等级和尺寸规格及其数量。钢筋的强度等级和尺寸规格及其数量中,又分为集中化的统一要求的标注和分散的个性化标注。这种制图规则不再绘制结构施工详图。但是,施工单位的人员,可以根据构件的抗震等级,去查阅《混凝土结构施工图平面整体表示方法制图规则和构造详图》中相应的详图及其相应尺寸。这里的尺寸,都是"代数尺寸"(以结构平面施工图的具体尺寸为数值因子),自己要在施工前换算。

设计单位采用平面整体表示方法制图规则(此后略称"平法"),如所绘制框架梁柱结构施工平面图,只包含梁、柱及其相关的集中标注和原位标注(个性化的具体标注),不绘制结构施工详图。这样一来,设计单位就可以大大地提高了出图的效率。但是,确认钢筋加工尺寸的这部分工作量,却转移到了工地。这时,工地施工人员,如何根据手中的"平法"图纸,根据构件的抗震等级等条件,准确无误地去查阅《混凝土结构施工图平面整体表示方法制图规则和构造详图》中相应的施工详图及其相应尺寸,便是十分关键的问题了。因此,这一过程,仅仅是一个详图的确认及其相关代数数据的具体数字化的过程,没有形成具有尺寸和技术注解的工程技术文件。这在所建立的技术档案环节上,留下一个重要空白。从而,这一图纸解读过程,必须是严格、慎重和仔细无误地"对号入座",准确记下技术数据和技术说明。这里,特别要强调的是它的前提。前提就是准确无误地仔细读懂结构施工平面图。为此,笔者针对平法图的特点——二维图形加上特定的工程技术注解,以及通用性的结构详图,用与其相对应的传统钢筋结构工程图及其轴测投影(空间立体投影)示意图,来进行形象讲解。也就是说:结构施工图,是以标准定量阐述为主;轴测投影示意图,是以形象表征为主。为便于理解,在解释过程中,常常辅以传统工程图来进行说明。

书中图例，只供读图讲解用，不能作为施工的依据。施工时，必须遵循《混凝土结构设计规范》GB 50010——2002、《混凝土结构工程施工质量验收规范》、《混凝土结构工程施工图平面整体表示方法制图规则和构造详图》和设计图纸为准进行。

参加本书编写工作的人，有高竞、高韶明（正教授级高级工程师）、高克中（高级工程师）、高韶萍（高级工程师）、高韶君（高级建筑师）、王龙波（高级工程师）、高原（建筑设计助理工程师）、白晶、吕磊、赵国鹏、杜泰东、杜秀兰。

因主笔者年事已高，错误之处在所难免，敬请各方贤达（特别是《混凝土结构设计规范》、《混凝土结构工程施工质量验收规范》和《混凝土结构施工图平面整体表示方法制图规则和构造详图》等规范和标准制定参与人士）不吝赐教，谢谢！

高竞（时年84岁，犹龙）

写于"餐霞阁"

目　　录

第一章　概述 ··· 1
　　第一节　框架的构件要素及次梁 ································· 1
　　第二节　结构图中的投影与尺寸 ································· 2
　　第三节　钢筋混凝土结构图的传统制图表达方法 ················· 3
　　第四节　钢筋混凝土结构图的平法制图基本概念 ················· 5

第二章　梁的集中标注内容及其图示方法 ····························· 10
　　第一节　梁的构件代号及集中标注形式 ·························· 10
　　第二节　梁的集中标注中第一行的习惯注法 ······················ 12
　　第三节　梁的集中标注中第二行的习惯注法 ······················ 14
　　第四节　梁的集中标注中第三行的习惯注法 ······················ 17
　　第五节　梁的集中标注中第四行的习惯注法 ······················ 19
　　第六节　梁的集中标注中第五行的习惯注法 ······················ 21
　　第七节　梁的宽度与钢筋横摆数量 ······························ 21

第三章　梁的原位标注及其图示方法 ································· 24
　　第一节　原位标注梁的截面 ······································ 24
　　第二节　原位标注梁的箍筋 ······································ 24
　　第三节　梁的一般原位标注 ······································ 25
　　第四节　梁的箍筋原位标注与负筋省略标注 ···················· 28
　　第五节　梁的箍筋全部为原位标注 ······························ 28
　　第六节　箍筋的集中标注与箍筋原位标注兼有情况 ·············· 29
　　第七节　原位标注抗扭筋 ·· 31

第四章　悬挑梁与加腋梁的标注及其图示方法 ······················· 37
　　第一节　悬挑梁 ·· 37
　　第二节　加腋框架梁 ·· 40

第五章　框架柱的规格标注及其图示方法 ···························· 43
　　第一节　柱子的箍筋 ··· 43
　　第二节　横向局部箍筋 ·· 46
　　第三节　竖向局部箍筋 ·· 48
　　第四节　柱子的制图表达方法 ··································· 49

第六章　多层中柱变截面处过渡纵向筋 …… 52
第一节　变截面中柱钢筋混凝土模板图 …… 52
第二节　多层中柱的传统制图表达方法 …… 53
第三节　抗震多层中柱变截面处过渡钢筋（钢筋搭接方式）…… 54
第四节　抗震多层中柱变截面处过渡钢筋（钢筋机械连接方式）…… 55
第五节　中柱变截面处过渡钢筋实长的图解求法 …… 56
第六节　非抗震多层中柱变截面处过渡钢筋（钢筋搭接方式）…… 59
第七节　非抗震多层中柱变截面处过渡钢筋（钢筋闪光接触对焊连接方式）…… 59

第七章　多层边柱变截面处过渡纵向钢筋 …… 61
第一节　变截面边柱钢筋混凝土模板图及其传统画法 …… 61
第二节　边柱变截面处诸多过渡钢筋的实长求法 …… 62
第三节　抗震边柱变截面处连接上层钢筋，外侧一面钢筋过渡弯曲后伸至上层 …… 66
第四节　非抗震边柱变截面处三面用预设靴筋连接上层钢筋，外侧一面钢筋弯曲后伸至上层 …… 69

第八章　多层具有变截面的角柱 …… 73
第一节　变截面角柱的混凝土模板图及传统画法 …… 73
第二节　变截面角柱中平行正投影面和侧投影面的钢筋 …… 74
第三节　抗震变截面角柱中不平行于任何投影面的过渡钢筋 …… 76
第四节　抗震变截面角柱中搭接钢筋尺寸 …… 78
第五节　抗震变截面角柱中焊接和机械对接钢筋 …… 80
第六节　非抗震变截面角柱中搭接钢筋尺寸 …… 83
第七节　非抗震变截面角柱中对接（焊接、机械）钢筋尺寸 …… 86

第九章　框架中柱顶层的钢筋 …… 88
第一节　抗震框架中柱顶端及其钢筋 …… 88
第二节　抗震框架边柱顶端及其钢筋 …… 89
第三节　抗震框架角柱顶端及其钢筋 …… 91

第十章　框支梁和框支柱的规格标注及其图示方法 …… 92
第一节　框支剪力墙结构的概念 …… 92
第二节　框支梁平面图的平法制图习惯标注方法 …… 92
第三节　框支梁的传统制图钢筋图画法 …… 93
第四节　框支梁的钢筋绑扎操作施工分析 …… 94
第五节　框支柱的钢筋图 …… 96

第十一章　剪力墙 …… 99
第一节　剪力墙的构造概念和剪力墙符号 …… 99
第二节　剪力墙体系中的构件 …… 100
第三节　构造边缘构件 …… 103

第四节　约束边缘构件 106
　　第五节　楼层间的剪力墙中纵向筋搭接 108
　　第六节　剪力墙在上下楼层之间墙厚（沿层高）发生变化 110
　　第七节　剪力墙中水平分布筋与其他构件的整体化锚固 111
　　第八节　剪力墙顶层竖向分布筋与屋面顶板的整体固接 113
　　第九节　剪力墙中的连梁 116

第十二章　板式楼梯 119
　　第一节　板式楼梯的类型和标注规则 119
　　第二节　第一组板式楼梯 120
　　第三节　第二组板式楼梯 127

第十三章　有梁楼盖板 130
　　第一节　混凝土板的类型及其代号 130
　　第二节　楼板平面图上钢筋的集中标注和原位标注 131

第十四章　无梁楼盖板的图示解读 137
　　第一节　无梁楼盖板的图示概念 137
　　第二节　柱上板带 X 向贯通纵筋 138
　　第三节　柱上板带 Y 向贯通纵筋 139
　　第四节　跨中板带 X 向贯通纵筋 140
　　第五节　跨中板带 Y 向贯通纵筋 140
　　第六节　X 向柱上板带与 Y 向柱上板带的交汇区域 141
　　第七节　X 向柱上板带与 Y 向跨中板带的交汇区域 142
　　第八节　X 向跨中板带与 Y 向柱上板带的交汇区域 143
　　第九节　集中标注与原位标注的综合表达 143

第十五章　筏形基础 157
　　第一节　筏形基础的构造 157
　　第二节　梁板式筏形基础梁的集中标注 159
　　第三节　梁板式筏形基础梁集中标注和原位标注的关系 163
　　第四节　基础梁的平剖对照与钢筋读图 164
　　第五节　梁板式筏形基础的平板标注 169
　　第六节　梁板式筏形基础的构造图示解读 171
　　第七节　无基础梁平板式筏形基础 171
　　第八节　无基础梁无板带的平板式筏形基础 178

后记——与本书有关的软件介绍 179

参考文献 181

第一章 概 述

采用混凝土结构,建造高层楼房,选型时,在我国大多数不外是框架、剪力墙和框架-剪力墙结构。

《混凝土结构工程施工图平面整体表示方法制图规则和构造详图》是遵循《混凝土结构设计规范》GB 50010—2002 编制的。由于混凝土结构中的所有钢筋,其中心线的投影,基本上属于二维图形,为实现结构施工图平面整体表示方法制图规则,提供了前提条件。在框架梁中,取消了原来纵向钢筋中的弯起钢筋,增加了加密箍筋,同时,又增加了文字注解,配合具有"代数尺寸"通用标准详图,以减少钢筋的结构立面图及其截面图。以这种模式标准化,可以大大提高设计单位出图效率。但施工人员如何读懂并准确确定其相关数据,笔者试作如下介绍。

第一节 框架的构件要素及次梁

一、框架的构件要素

图 1-1 所示为框架结构的骨架。在框架结构中,根据构件所处的位置和钢筋配置的不

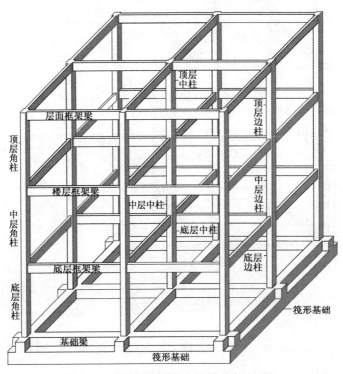

图 1-1 框架示意图(柱均为框架柱)

同（由于构件所处的位置不同，所以配置的钢筋也不同），构件可作如下分类。

框架梁：屋面框架梁；
　　　　楼层框架梁。
框架柱：顶层角柱；
　　　　顶层边柱；
　　　　顶层中柱；
　　　　中层角柱；
　　　　中层边柱；
　　　　中层中柱；
　　　　底层角柱；
　　　　底层边柱；
　　　　底层中柱。
基础梁和筏形基础；或承台、承台梁和桩基础（后者图中未画出）。

二、次梁的概念

构成框架的元素是框架柱和框架梁。次梁不同于框架梁，因为框架梁的支点是框架柱，而次梁的支点是框架梁。从而，它们的钢筋配置也不一样。如图 1-2 中的次梁是支撑在框架梁上的。

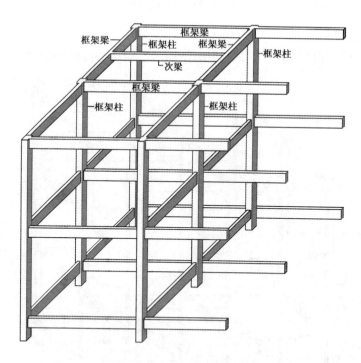

图 1-2　次梁示意图（柱均为框架柱）

第二节　结构图中的投影与尺寸

在钢筋混凝土结构施工图中，有两种制图规则：一种是传统的制图规则；另一种是

"平面整体表示方法制图规则"。

传统的制图规则——即以蒙日（Monge）几何为投影原理基础的视图、剖面、截面以及辅助视图、辅助剖面和局部截面等手段，绘制钢筋混凝土结构施工图。传统的制图规则的图示特点，是具有三维几何体系的图示。"平面整体表示方法制图规则"的图示特点，是以二维几何体系的投影图示，加上文字、技术规格和数量等注解。

也就是说，传统的制图规则的图示特点，具有 X、Y 和 Z 三个坐标方向的量度特性。比如说，一根经过加工的钢筋，在三维投影板中的投影，表示为图1-3。

把图1-3中的三面投影板中的投影，展开以后，即图1-4。

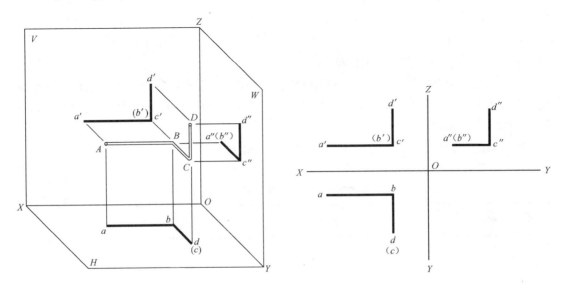

图1-3 三维投影示意　　　　　　图1-4 钢筋正投影图

投影图在工程上，也叫做视图。

图1-4表示钢筋的正投影图。XOY 坐标中的 a、b、(c)、d，是钢筋的水平投影，在土建工程界，叫做"平面图"；XOZ 坐标中的 a'、b'、(c')、d'，是钢筋的正投影，在土建工程界，叫做"正立面图"；YOZ 坐标中的 a''、b''、(c'')、d''，是钢筋的侧面投影，在土建工程界，叫做"侧立面图"。通常，在建筑工程上采用正立面图、平面图和侧立面图。这里每一种图，各自包含两个坐标。一般简单的形体，有两面视图就可以表达清楚。因为两面视图，就具备了 X、Y、Z 三个方向的坐标值。

但是，当遇到形体复杂时，视图也可以多到六面。甚至采用辅助视图、剖面（土建中的剖视图）和截面（断面）等加以说明。

第三节　钢筋混凝土结构图的传统制图表达方法

要想了解钢筋混凝土结构图的平法制图概念，这里首先复习一下钢筋混凝土结构图的传统制图表达方法的特点。

结构工程师根据建筑师所设计的建筑楼层平面图和建筑屋顶平面图，结合楼板及所负荷载，设计这些楼层梁板结构平面图、屋顶梁板结构平面图、钢筋梁的立面图、钢筋梁的截面图和钢筋材料明细表。

图1-5是梁板结构平面图的传统制图表达方法。此图在这里是为了说明梁的，所以板的配筋就省略未画出。梁的侧面之所以画成虚线，是因为：假想在混凝土楼板稍高一点的地方，沿水平方向，把房屋切开，移去上部，从上面往下看，梁的两侧面被板挡在下面看不见。梁板结构平面图的梁，只标注梁的代号和序号——KL1、KL2。"KL"是框架梁的代号；"1"和"2"是序号。为了便于读图，标注梁的代号，还可以根据楼层的不同而更进一步具体化。例如，地下室的梁可以写成KL0；首层的梁可以写成KL1；二层的梁可以写成KL2，依此类推。当构件代号有楼层数字时，习惯上，常在序号前加"—"。

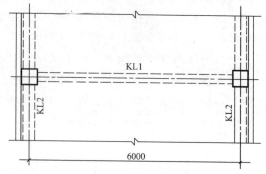

图1-5 标准层梁板结构平面图 1:100

框架梁的构件代号和序号的规则注法和习惯注法参看表1-1。

框架梁的构件代号、序号注法 表1-1

规则注法	习惯注法	习惯注法
KL 1 | | 构 构 件 件 代 序 号 号	KL—1 | | 构 构 件 件 代 序 号 号	KL 1—1 | | | 构 构 楼 件 件 层 代 序 （包括地下层） 号 号

传统的梁板结构平面图，只是给出了梁板结构的水平投影——平面图，也就是梁板的施工模板轮廓。也可以说是给梁画配筋的索引图。根据图上的KL1、KL2，去找它们的钢筋绑扎施工图——图1-6。

图1-7的上半部，相当于梁钢筋的立面图，给梁画出了配筋图。它具备了空间迪卡尔直角坐标系中的XOZ坐标平面。图1-7的下半部，相当于梁钢筋的侧面图，它实际上是钢筋梁正截面的侧面投影。截面图是画在了YOZ坐标平面里。两个坐标面合起来，X、Y和Z三个方向的尺寸就全了。上面把钢筋的形状和摆放部位都表达清楚了。从截面图上所引出的线，又表注了各个钢筋的规格和数量。梁钢筋的立面图和梁钢筋的截面图结合起来，就把钢筋梁的施工意图表达清楚了。

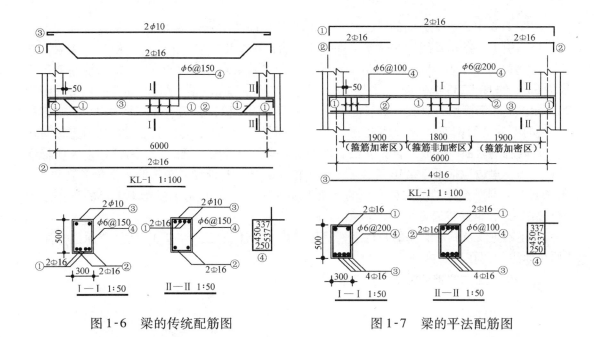

图1-6 梁的传统配筋图　　　　　　图1-7 梁的平法配筋图

第四节　钢筋混凝土结构图的平法制图基本概念

在框架结构体系中，根据设计者的表达意图不同，所画出的图纸，包括的内容也不尽相同。从传统沿袭下来的画法，梁、板和柱或梁和板的配筋，都进行表达。这样的图，叫做"结构平面图"。如果平面图中，只画梁的配筋，这样的图就叫做"×层顶梁配筋图"。

平面整体表示方法制图规则，可以用在钢筋混凝土结构的各种构件中。在这个规则中，有"集中标注"和"原位标注"的新名词概念。应用这个新名词概念的，有框架梁、楼板、屋面板和筏形基础等。"集中标注"和"原位标注"的概念，在框架梁中，体现得最为明显。因此，这里权且以框架梁的"集中标注"和"原位标注"两个概念为例，加以说明。

一、根据平法制图的《构造详图》计算梁中主筋的结构尺寸（加工尺寸）

在传统制图表达方法中，梁和板的结构图，是画在一起的，画成梁板结构平面图。但是，在平法制图规则中，习惯上，是把梁单独画一张——顶梁平面图。

图1-8是一层局部顶梁配筋图（本图限于书页幅面，只画出了局部），即平面整体表示方法制图规则中的梁的平法施工图。这幅图属于二维平面图。

过去也有二维图形的工程图。如等高线地形图，加上高程数据，就具备了三维图的效果。

图1-8是通过两维图形再加上注解，加上备有的"构造详图"册子，达到说明空间形体、材料规格和材料数量，可以实现传统工程制图的同样技术效果。

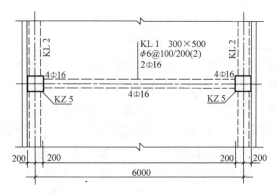

图1-8　一层顶梁配筋图 1:100

在图1-8中，水平方向的梁，是1号框架梁（即图中标注的KL1）。从这个框架梁的上边缘，引出一条铅垂线。在这条铅垂线的右侧，注有几行字：第一行"KL1"（1号框架梁）梁的截面尺寸为300mm×500mm；通常，第二行 $\phi6@100/200$（2）表示箍筋采用直径为6mm的HPB235级钢筋（过去的旧称Ⅰ级钢筋），加密箍距为100mm，非加密箍距为200mm，全区钢箍均为双肢；第三行 2Φ16 表示采用两根直径为16mm的HRB335级钢筋（过去的旧称Ⅱ级钢筋），作为梁的通长筋（也叫做贯通筋）。按规定第三行的内容，写在第二行内容的后面，变成二行。通长筋是沿梁的全长布置的。梁的左、右两端上方所标注的4Φ16，里边包括了2Φ16通长筋。剩下的2Φ16，是两段直角形筋。直角形筋和2Φ16通长筋，是承受梁端部的负弯矩的。梁下部中间的4Φ16是承受梁中下部的正弯矩的（抗拉作用），钢筋贯通全梁。

上述铅垂线及其右侧注的几行字，就是"集中标注"；三个4Φ16就是"原位标注"。"原位标注"留在以后再讲。

图1-9为简支梁钢筋轴测投影示意图。

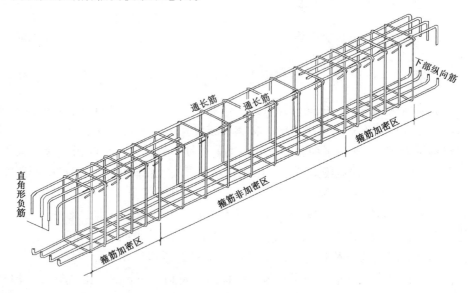

图1-9　简支梁钢筋轴测投影示意图

只有图1-8这样的平面图，还是不能施工。还要根据设计说明，知道该梁是不是抗震设防？如果是抗震，是几级抗震？根据这些信息去查《03G101—1 混凝土结构施工图平面整体表示方法制图规则和构造详图》（下文简称《构造详图》）。

设给出的框架结构，为三级抗震设防。设计中混凝土的强度等级采用C30。柱距为6000mm，柱宽400mm。这里首先去查《三、四级抗震等级楼层框架梁KL》部分，

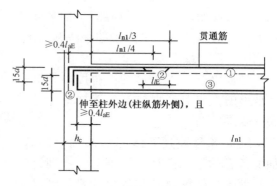

图1-10　三、四级抗震等级楼层框架梁KL

标准详图的内容大致（简化了的）如图1-10所示。

为了便于从《构造详图》中选取KL1所需要的钢筋，这里额外在图1-10中添加了①、②、②和③四个钢筋序号。

①号钢筋为贯通筋"⌐――――――⌐"；

②号钢筋为支座上部，承受梁端部负弯矩的直角筋"⌐――――⌐"；

③号钢筋为承受梁下部正弯矩（抗拉作用）的钢筋"⌐――――――⌐"。

①号贯通筋在图1-8里，是集中标注为2Φ16，两根；

②号直角筋——在图1-8里，在梁端上部标注为4Φ16，其中有两根是贯通筋，剩下的两根，即2Φ16——直角筋，左右两端共四根；

③号钢筋是标注在梁的中间下方4Φ16。

在梁支座上部和梁的中间下方的钢筋标注，均叫做梁的原位标注。

二、根据构造详图（图1-10）计算钢筋结构设计尺寸

钢筋结构设计尺寸，即钢筋加工尺寸，并非钢筋下料尺寸；计算钢筋下料尺寸时，请参看高竞等著，由中国建筑工业出版社出版的《平法制图的钢筋下料计算》。

在钢筋混凝土结构图的传统制图中，结构设计人员，要在图纸的右上方，画钢筋明细表，在简图那一列，注出钢筋的分段加工尺寸。而现在，在梁的平法制图中，则需要施工人员拿着设计图纸，对照着构造详图，自己来计算。设柱距为6000mm，柱宽为400mm。

$l_{n1} = 6000 - 400 = 5600\text{mm}$；

$l_{n1}/3 = 5600/3 \approx 1866\text{mm}$，取1870mm；

l_{aE}值，是根据混凝土和钢筋的各自强度等级，去查"纵向受拉钢筋抗震锚固长度l_{aE}"表——当混凝土为C30级、钢筋为HRB335级、三级抗震等级和直径$d \leqslant 25\text{mm}$时，$l_{aE} = 31d$；

$0.4 l_{aE} = 0.4 \times 31d = 0.4 \times 31 \times 16 = 198.4 \approx 198\text{mm}$；

$15d = 15 \times 16 = 240$；

设柱筋直径$d_z = 22\text{mm}$；

现在开始钢筋的分段加工尺寸。

①号钢筋为贯通筋"⌐――――L_1――――⌐"的加工尺寸计算：

$L_1 = l_{n1} + 2 \times 0.4 \times l_{aE}$

$\quad = 5600 + 2 \times 0.4 \times 31 \times 16$

$\quad = 5996.8$，取5997，

$L_2 = 15d$

$\quad = 240$

即："⌐240―5997―240⌐"。

②号钢筋直角筋"⌐――L_1――⌐"的加工尺寸计算：

$L_1 = l_{n1/3} + 0.4 l_{aE}$

$\quad = 1870 + 198$

$\quad = 2068$

$L_2 = 15d = 240$

即："⌐240―2068⌐"。

③号钢筋""加工尺寸计算:

$L_1 = l_{n1} + 2 \times \max(0.4 \times l_{aE}, h_c - 保护层 - 22 - 30)$
$= 5600 + 2 \times \max(0.4 \times l_{aE}, h_c - 保护层 - 22 - 30)$
$= 5600 + 2 \times \max(198, 400 - 30 - 22 - 30)$
$= 5600 + 2 \times \max(198, 318)$
$= 5600 + 2 \times 318$
$= 5600 + 636$
$= 6236 mm;$

$L_2 = 15d = 240 mm_\circ$

即:"240 ⌐——6236——⌐ 240"。

再次强调,上面计算出来的尺寸,只是钢筋加工尺寸。它不是钢筋下料尺寸。

三、根据《构造详图》计算钢箍数量

钢箍数量也是要用《构造详图》进行计算的。

在《构造详图》的"二至四级抗震等级…KL…箍筋…构造"的一页里查到箍筋的摆放要求和数量。为了便于解读该图,图1-11是把"二至四级抗震等级…KL…箍筋…构造"图中没有用到的钢筋,有所省略和改动。

现在开始计算箍筋的加密区和非加密区各自区间的大小,以及箍筋的各自区间数量。

首先计算加密区的大小:

加密区 B1 = max(1.5h_b, 500)——在1.5h_b和500两者之间取最大值

加密区 B1 = 750mm。

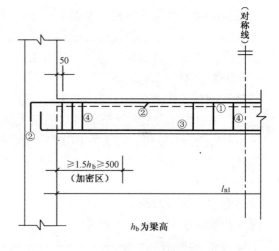

图1-11 三级抗震等级框架梁KL箍筋配置

接着,计算非加密区的大小 B2:

非加密区 B2 = l_{n1} - 2×加密区
$= 5600 - 2 \times 750$
$= 4100mm_\circ$

然后,计算加密区里的箍筋数量:

一个加密箍筋布置区 BB1 = B1 - 50 = 750 - 50 = 700mm。

一个加密区的箍筋数量(个) = 700÷100 + 1 = 8个

两个加密区的箍筋数量 = 8×2 = 16个。

再接着,计算非加密区 B2:

B2 = 5600 - 750 - 750 = 4100mm。

最后,计算非加密区箍筋数量(个):

非加密区箍筋"空" = 4100÷200 = 20.5。

为了趋于安全，令非加密区箍筋数量＝21"空"，但是，箍筋数量比箍筋的"空"少1，所以，

非加密区箍筋数量（个）＝21－1＝20个

实际上，非加密箍筋布置区的箍筋间距，应该是用21个"空"，去除非加密区尺寸4100，即

$4100 \div 21 = 195.38 \text{mm}$。

参看图1-12。

这个梁的钢筋绑紮轴测投影，示意简图见图1-13。

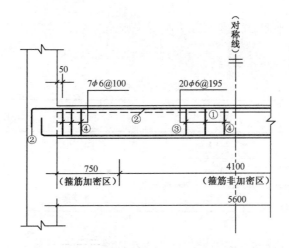

图1-12 三级抗震等级框架梁箍筋配置尺寸

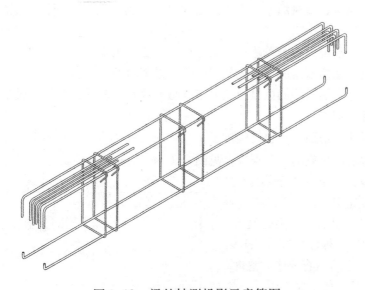

图1-13 梁的轴测投影示意简图

第二章 梁的集中标注内容及其图示方法

第一节 梁的构件代号及集中标注形式

一、梁的构件代号

为了标注方便,《平面整体表示方法制图规则》对各种类型的梁,规定了它们的构件代号。见表2-1。

梁构件代号表　　　　　　　　　　表2-1

构件名称	构件代号	构件名称	构件代号
楼层框架梁	KL	非框架梁	L
屋面框架梁	WKL	悬挑梁	XL
框支梁	KZL	井字梁	JZL

在框架体系中,以钢筋混凝土框架柱为支撑固接点的梁,属于"框架梁"。前面讲过,框架梁的代号是KL。如果,在框架体系中,梁的一端是以非框架柱为支撑点,或两端均以非框架柱为支撑点,此时的梁,就不能再叫做框架梁,而只能叫做"梁"。它的代号是写做"L"。

在前一章里,已经用一个单跨框架梁,讲了平法制图中,有关集中标注和原位标注的简单例子。但是,在多数情况下,框架梁的跨数是多跨的。

梁的截面尺寸、通长筋的数量及其规格和箍筋等相同的梁,要求编成相同的"序号"。

二、梁的集中标注形式

梁的集中标注,前面开头也已经讲了一点。现在讲一下,梁的集中标注总共涵盖了哪些内容。按平法制图规则的示范形式,见图2-1

从梁的边缘,引出的一条铅垂线,是对梁的集中标注用线。

再强调一点,如果贴近梁的地方,没有不同于梁的集中标注内容时,全梁都要执行集中标注的内容要求。这时,两跨梁的截面,都一律是宽250mm,高500mm,即等截面梁。集中标注第二行,是箍筋采用HPB235级钢筋,直径10mm。各跨均以本跨的净跨为因变

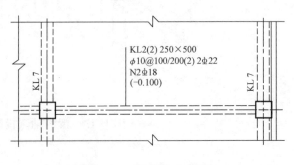

图2-1 梁的集中标注

量，求出各自的箍筋加密区和非加密区的区间尺寸，加密区和非加密区的箍筋，均采用双肢。2⊈22是两根直径为22mm的HRB335级的通长筋。也就是说，是贯通两跨全梁长的钢筋。集中标注的第三行，是两根直径为18mm的HRB335级钢筋。(−0.100)是梁顶面比楼板结构层顶面低100mm。图2-2是对图2-1的解释。

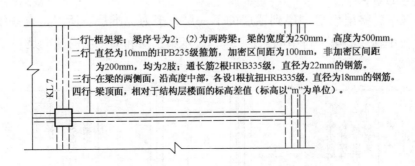

图2-2 集中标注中，各行代表的意义注释

也有的设计图纸，把对梁的集中标注，用习惯方法标注。把第二行中的通长筋，写在了第三行。规则中的三、四行，依次改成了四、五行，见图2-3。

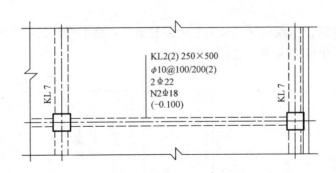

图2-3 梁的集中标注（习惯法）

图2-4是对图2-3的解释。

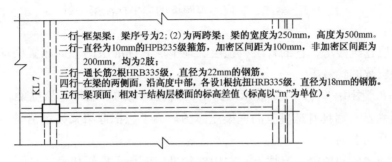

图2-4 集中标注的习惯注法及其各行代表的意义

第二节 梁的集中标注中第一行的习惯注法

图 2-5 集中标注的第一行中的"0",代表地下室层。"0"属于设计院自己的习惯标注或该设计院内部规定。遇到高层建筑有多层地下室时,首先看它的图纸上的图名,进一步判断数字代号的意义。

一般情况下,多层楼房二层到顶层的下一层,多为标准层。所以,有些结构是一样的。图 2-6 集中标注的第一行中的"2,3",表示第二层和第三层的顶梁是一样的。

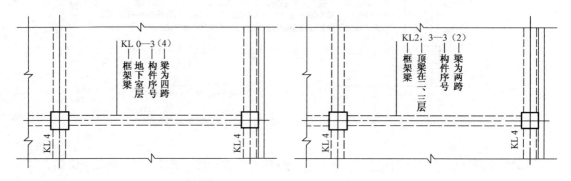

图 2-5 地下室层梁的集中标注第一行   图 2-6 第二、三层顶梁的集中标注第一行

图 2-7 所示的梁,是双跨梁。从图上可以看出,它是不等跨的。这里告诉我们,两个跨的跨度不等时,也可以这样标注。

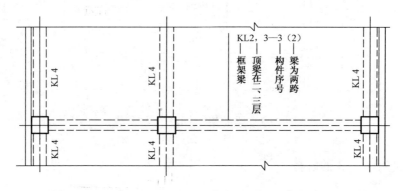

图 2-7 第二、三层不等跨梁的集中标注第一行

也有的多层建筑楼房,它的首层、顶层、地下层和标准层的平面布置格局都一样,所以,也就不加层数的代号了。

参看图 2-8,图中"(2A)"表示双跨梁,而且,它的一端带有悬挑梁。

图 2-9 画的是一端具有悬挑梁的框架立体图。为了想把框架梁显示清楚,没有令柱子把梁包起来并升向上层。

为区分不同楼层的顶梁,习惯上,在构件代号后面加了楼层代号,见图 2-10。

图 2-11 是图 2-10 的立体示意图。

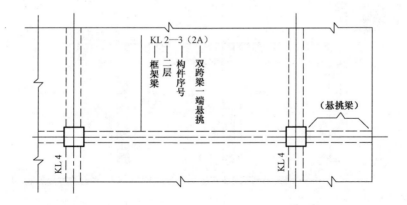

图 2-8 带悬挑梁的双跨梁集中标注第一行

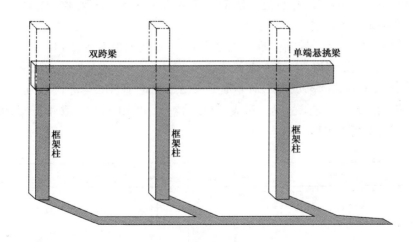

图 2-9 单端悬挑梁轴测投影示意图

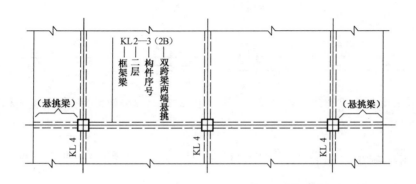

图 2-10 两端悬挑双跨梁集中标注第一行

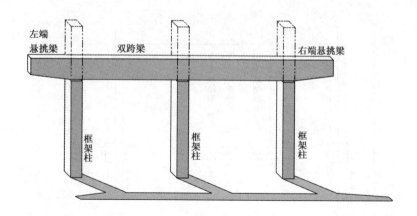

图2-11 两端悬挑双跨梁轴测投影示意图

图2-12中被标注的梁,并不是框架梁。该梁的支承点是框架梁。因此,它的构件代号是"L",而不是"KL"。

非抗震梁的构件代号,规则中规定的是"L",习惯上也有用"LL"的。但是,剪力墙中的连梁代号,也是"LL"。这一点请注意。

《平面整体表示方法制图规则》对非框架梁已经规定了它的构件代号为"L",但还是有的图纸,把以框架梁为支承的梁,写成"LL"代号。见图2-13。非框架梁的构件代号,也有的采用"L",而不采用"LL"。

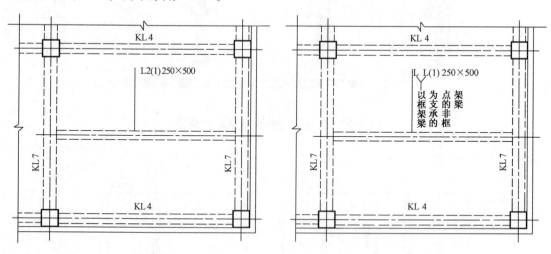

图2-12 非框架梁的标注第一行　　图2-13 以框架梁为支承的梁的标注第一行

第三节　梁的集中标注中第二行的习惯注法

在梁的集中标注中第二行,按规则是写箍筋。但是,也有的设计图纸,把通长筋(通长筋也叫贯通筋)写在了第二行。这个问题,读图时会识别出来的。

一、抗震梁的两肢箍筋标注法

当梁属于抗震梁时，箍筋的布置才有加密区和非加密区之分。箍筋直径写在最前面。"@"是箍筋间距的符号。加密区间距和非加密区间距，用"/"分开，加密区间距在前，非加密区间在后。"（）"中写的是箍筋的肢数。两肢箍筋就是一个箍筋。也就是说，从梁的截面看，有两根箍的竖线。参看图2-14。

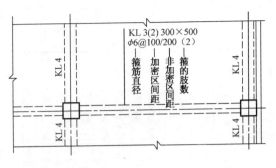

二、抗震梁的四肢箍筋标注法

当梁的宽度≥350mm时，采用4肢箍筋。

图2-14 框架梁的第二行集中标注

当梁的荷载较大时，应梁中纵向钢筋多的要求，有时是配置4肢箍筋（两个）箍筋。参看图2-15，由于梁的荷载较大，靠支座处梁的斜抗拉裂的力量，是由箍筋参与工作，所以，箍筋强度等级，由HPB235级（ϕ）提高到HRB335级（Φ）。

三、抗震梁同时有四肢和两肢箍筋标注法

在一根抗震梁中，同时配置双肢和4肢：在加密区配置4肢；在非加密区配置双肢。不过，图纸上这样的情况比较少。见图2-16。

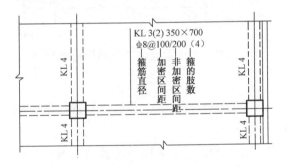 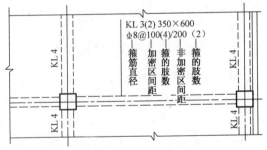

图2-15 框架梁集中标注的四肢箍筋　　图2-16 框架梁同时有四肢和两肢箍筋的标注

四、抗震梁中在箍筋加密区标注箍筋数量的方法

在图2-17中，箍筋的标注特殊之处，在于箍筋的强度等级符号之前，标注了数字"12"。它是说，在梁的两端（箍筋加密区），各配置12个箍筋。剩下的梁中间部分（箍筋非加密区），按间200mm布置。

图2-17的箍筋布置，参见图2-18。

五、非抗震梁且为两肢箍筋标注法

参看图2-19，该平面图虽然显示框架梁支承在框架柱上，在设计时，它没有抗震设防。因此，这个框架梁不属于抗震梁——即非抗震梁。由于它不是抗震梁，在布置箍筋上也可以没有箍筋加密区和箍筋非加密区之分。

图2-20是图2-19的构造示意图。

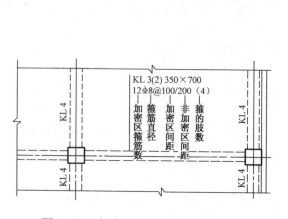

图 2-17 加密区箍筋数量的标注法

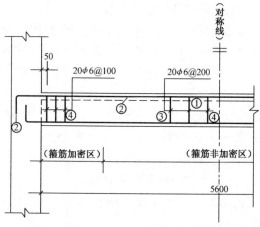

图 2-18 框架梁加密箍筋的构造示意详图

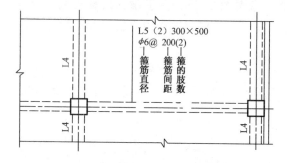

图 2-19 非抗震梁两肢箍筋集中标注

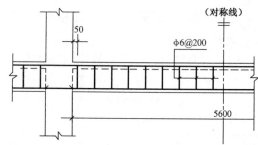

图 2-20 非抗震梁两肢箍筋构造示意图

六、梁的集中标注中第二行的规则示例注法

在梁的集中标注中,第二行的规则示例注法,是把通长筋(又名贯通筋)的数量、钢筋强度等级及其直径,写在箍筋行的后面。参看图 2-21。

图 2-22 就是图 2-21 中的双跨通长筋的立体图。这里的"2Φ16"通长筋,表示的是指上部通长筋。

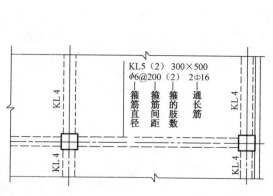

图 2-21 梁的集中标注第二行规则示例注法

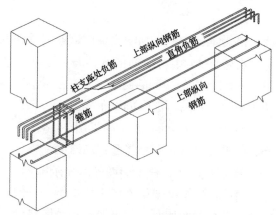

图 2-22 双跨通长筋轴测投影示意图

第四节 梁的集中标注中第三行的习惯注法

图 2-23 中的通长筋的第三行习惯注法，虽然与图 2-21 中的第二行规则注法不同，但是，表达的意义是一样的。

图 2-24 中的第三行，注写的"2⊈20；4⊈18"中，前者"2⊈20"是"上部通长筋"，位于一排角部；后者"4⊈18"是"下部通长筋"，是位于梁底部。

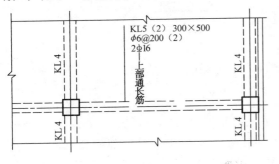

图 2-23 框架梁集中标注第三行习惯注法　　　图 2-24 框架梁中通长筋的标注

图 2-25 中的第三行，注写的"2⊈25＋（2⊈12）"中，"＋"前的"2⊈25"是"上部通长筋"，位于一排角部。"＋"后面写的"2⊈12"是"架立筋"位于一排中部。

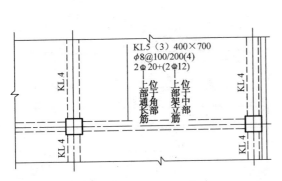

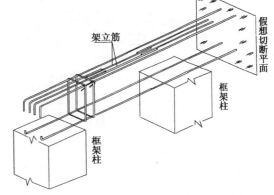

图 2-25 梁的集中标注的通长筋与架立筋　　图 2-26 梁的通长筋与架立筋轴测投影示意图

图 2-27 中的第三行，注写的"2⊈16；2⊈20＋2⊈18"中，前者"2⊈16"是"上部通长筋"，位于一排角部。后者"2⊈20＋2⊈18"是梁"下部通长筋"，其中"＋"号前面的筋位于角部；"＋"号后面的筋位于中部。

为了使图 2-27 进一步形象化，现用传统的截面图来进行说明。见图 2-28。

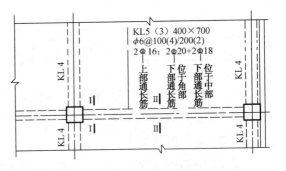

图 2-27 梁的上、下部通长筋注法

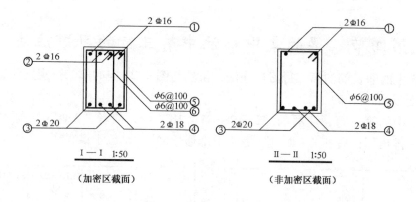

图 2-28 梁的通长筋传统截面图

图 2-29 是一根框架梁。

图 2-29 中的第三行，注写的"2Φ18+（2φ12）；2Φ22+2Φ20"中，";"前的"2Φ18+（2φ12）"是位于一排角部的"上部通长筋"和位于一排中部的架立筋。";"后面写的"2Φ22+2Φ20"是梁"下部通长筋"。"+"号前面的筋位于角部；"+"号后面的筋位于中部。

图 2-30 是用传统的工程制图方法，画出的钢筋图，用来解释图 2-29 梁的平法配筋图。

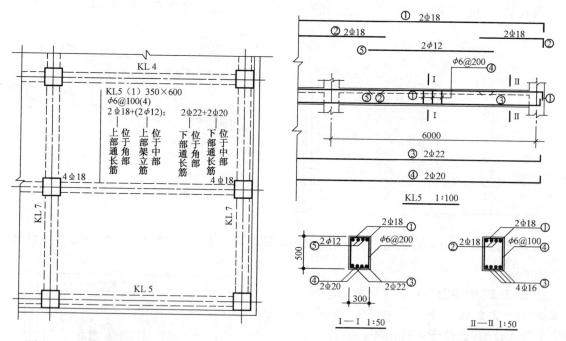

图 2-29 框架梁第三行标注的上、下通长筋及架立筋

图 2-30 传统制图法的框架梁

图 2-31 是一根框架梁。

图 2-31 中的第三行，注写的"2Φ20+（2Φ12）；7Φ22 2/5"中，前面的"2Φ20+（2Φ12）"是位于一排角部的"上部通长筋"和位于一排中部的架立筋；后面的"7Φ

22 2/5"是梁"下部通长筋",表示有7根钢筋,放在梁底部的上一排有两根,放在梁底部的下一排有5根。

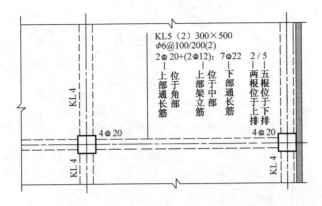

图2-31 框架梁第三行标注的上、下通长筋及中部架立筋

图2-32是用梁的截面图,来解释图2-31集中标注第三行的。

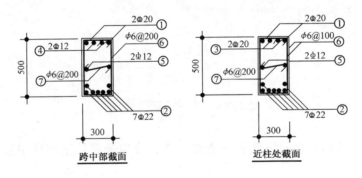

图2-32 传统制图的框架梁

上图中的⑤号筋是构造筋,待在下一节补充解释。

第五节 梁的集中标注中第四行的习惯注法

如图2-33所示,是说明梁的集中标注中,其第四行的习惯注法。第四行的习惯注法,包含两个内容:一个是构造钢筋;另一个是抗扭钢筋。这里的第四行,标注的是梁的构造钢筋。图2-33中的构造钢筋——G2Φ12,已经在前面的截面图中,表达清楚了。

从图2-34中可以看出,构造筋是放在梁的两侧面的中间部位(沿高度三等分)。两侧面共两根。构造筋由箍筋和拉筋来固定它的位置(参看图2-32)。

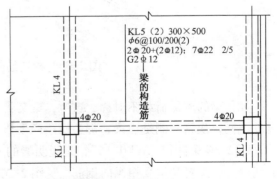

图2-33 梁的集中标注中第四行习惯注法

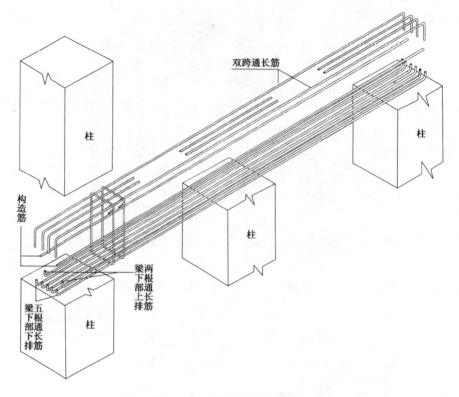

图 2-34 轴测投影示意图

为了能够把构造筋和它的拉筋看得清楚，特意将构造筋从钢筋梁中移出，再添画拉筋，见图 2-35。

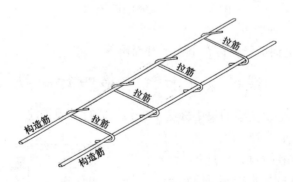

图 2-35 构造筋轴测投影示意图

如果梁的两侧荷载不对称，这时，梁又将承受扭矩的荷载。具体地比方，梁两侧楼板宽度不同，或者一侧是边梁，都会使梁产生扭矩。

图 2-36 第四行"N4⌽16"，是说明梁的两侧，共配置四根受扭纵向钢筋。具体是梁的两侧，各配置两根受扭纵向钢筋。见图 2-37。

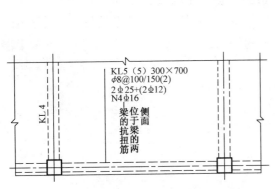
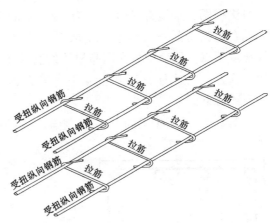

图 2-36 梁的第四行标注纵向受扭筋

图 2-37 受扭纵向筋轴测投影示意图

第六节 梁的集中标注中第五行的习惯注法

梁的顶面结构标高是集中标注中的最下边的一行；是规则注法的第四行；也是习惯注法的第五行。此项为选注值。梁的顶面结构标高，是相对于同层楼板顶面结构标高差值（以 m 为单位，小数点保留 3 位），写在括号中。没有标高差不注。

图 2-39 是解读图 2-38 中梁的集中标注第五行（0.100）。图 2-39 注解"梁顶面标高低于楼板顶面0.1m"的立体示意图。

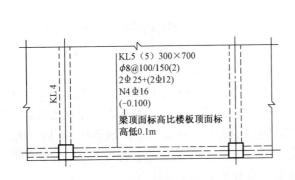
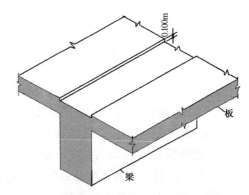

图 2-38 梁的集中标注第五行习惯注法

图 2-39 轴测投影示意图
（梁顶面标高低于楼板顶面0.1m）

第七节 梁的宽度与钢筋横摆数量

为了保证混凝土的浇注质量，设计时，对于梁的纵向钢筋之间的空隙大小是有要求的。参看图 2-40。

图 2-40 中梁的截面宽度为 300mm，上部一排摆放四根直径为 18mm 的钢筋，利用图

21

2-41诺模图,来检查截面宽度为300mm的梁,能否容纳得下四根直径为18mm的钢筋。先在右边钢筋直径$d$mm直线上取18,再在左边的梁宽$b$mm直线上,取300。然后,用直线连接两点,且交于名为钢筋根数的直线于"6"多一点的地方。意思是最多只能容纳6根。读者可以对图2-33中的4根直径为20mm的钢筋,利用此诺模图,验算一下该梁能否容纳得下。

图2-41适用于梁的上部第一排筋,且保护层为25mm。

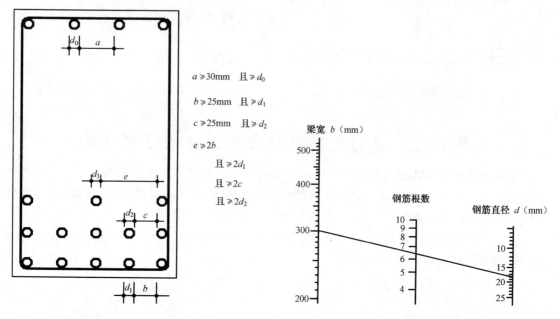

图2-40 梁的纵向筋摆布　　　　图2-41 钢筋的直径、数量和梁截面
　　　　　　　　　　　　　　　　　　　宽度之间的关系诺模图

图2-42是对梁的下部钢筋,多大直径,多少根,对于一定宽度的梁,能不能放得下?比如说,梁宽是300mm,钢筋直径是25mm,问,想在梁的下边,放6根,能不能放得下?先在右边钢筋直径$d$mm直线上,取25,再在左边的梁宽$b$mm直线上,取300。然后,用直线连接两点,且交于名为钢筋根数直线上的"5"多一点的地方。意思是最多只能容纳5根。

图2-42适用于梁的下部第一、二排钢筋,且保护层为25mm。

梁截面从下部起往上数第三排钢筋,它的直径、数量和梁截面宽度之间的关系计算,可以利用图2-43。比如说,梁截面从下部起往上数第三排钢筋的直径,是25mm,梁宽是500mm,问这一排最多能放下几根这样的钢筋?图算的方法是:首先在右边钢筋直径的直线上取25mm,然后,再在左边的梁宽直线上取500mm,最后两点连线,交于钢筋根数线的6与7之间。这就说明,25mm的钢筋,只能放入6根。

图2-43适用于梁的截面从下部起往上数第三排钢筋,且保护层为25mm。

图2-45适用于梁的截面从下部起往上数第一、二排钢筋,且保护层为25mm。

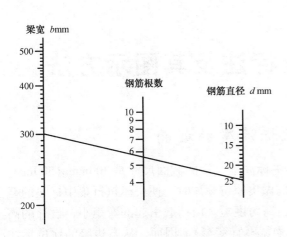

图 2-42 钢筋的直径、数量和梁截面
宽度之间的关系诺模图

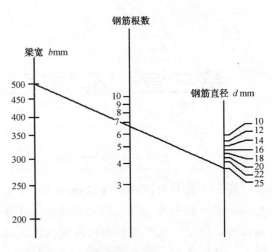

图 2-43 钢筋的直径、数量和梁截面
宽度之间的关系诺模图

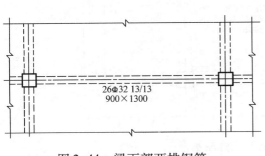

图 2-44 梁下部两排钢筋

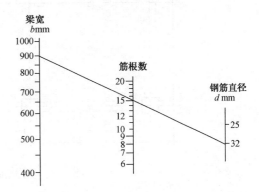

图 2-45 钢筋直径、数量与梁截面
宽度的关系诺模图

23

第三章 梁的原位标注及其图示方法

第一节 原位标注梁的截面

图 3-1 是具有四跨的连续框架梁,在集中标注里,梁的截面尺寸是 300mm×500mm。也就是说,如果跨中没有对梁的截面尺寸专门做出原位标注时,便一律执行集中标注的截面尺寸。但是,这里的右边跨跨度,比其他三跨跨度短。由荷载引起的弯矩小,设计的高度变小(因为梁上部有通长筋,考虑施工,梁宽不宜变窄)。因而,从右边跨的原位标注可以看出,它的截面是 300mm×450mm。梁截面尺寸的原位标注,习惯上是标注在下部筋的下方。这个标注补充了集中标注的不足。

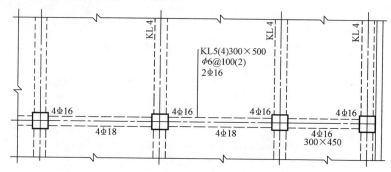

图 3-1　梁截面的原位标注示意

第二节 原位标注梁的箍筋

图 3-2 的框架梁是四跨。其中三跨比较大,而右边跨的跨度比较小。因此,箍筋的集中标注规格数据,代表不了右边小跨梁的箍筋。箍筋的集中标注规格数据为"φ8@100(2)",由于右边小跨梁有原位标注"φ6@100(2)",这样一来它们的箍筋施工是有区别的。小跨梁的箍筋直径小,也需补充标注。

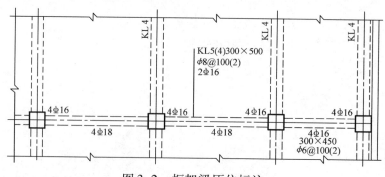

图 3-2　框架梁原位标注

第三节 梁的一般原位标注

从最简单的单跨框架梁，来说明梁的原位标注所表达的意图。参看图 3-3。先看左柱旁的梁上所标注的"4Φ16"，是说它包含了集中标注里的"2Φ16"。"4Φ16"减"2Φ16"，还剩一个"2Φ16"。剩下这个"2Φ16"，已经不再是长的纵向筋了。这是两根直角形钢筋"┌──"。梁右端梁上标注的"4Φ16"，其所代表的意义，和左端的一样。梁的中间下部，所标注的"2Φ16"，是两根"──────"形钢筋。

图 3-3 的立体图见图 3-4。

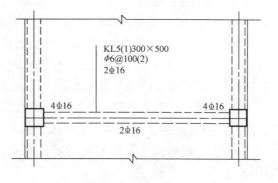

图 3-3　单跨框架梁的原位标注

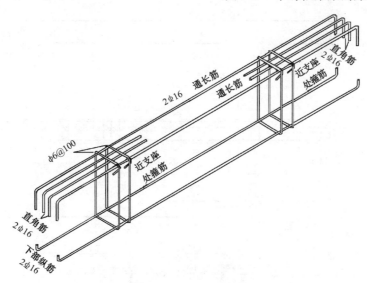

图 3-4　单跨框架梁轴测投影示意图

又如图 3-5 所示，先看左跨梁，"4Φ16"表示在梁的左端上部，配置四根 HRB335 级直径为 16mm 的钢筋。这四根钢筋的功用，是担负该部位由荷载引起的负弯矩（钢筋抗拉）。但是，四根钢筋的加工形状，并不完全一样。其中包含两根通长筋。剩下的是两根直角形钢筋，这根直角形钢筋，水平段长，垂直段短。请注意，这只是边跨筋的特点。等到再看中间柱附近的"4Φ16"时，就不完全一样了。它也包含两根通长筋。中间柱的左方写有"4Φ16"，柱右方什么也没有写。右方什么也没有写，就说

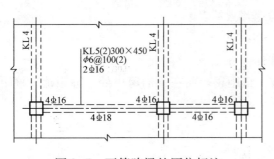

图 3-5　不等跨梁的原位标注

明钢筋的规格和数量和左方是一样的。但是，此处没有直角形钢筋。除了包含两根通长筋以外，剩下的是两根直形钢筋。它和边支座的直角形钢筋，起着同样抗负弯矩（钢筋抗拉）的作用。它的长度，根据梁的抗震等级，查《构造详图》就知道了。

左跨梁中间下面的"4Φ18"，承受荷载引起的正弯矩（钢筋抗拉）。右跨梁中间下面的"4Φ16"，也是承受荷载所引起的正弯矩（钢筋抗拉）。

"4Φ18"和"4Φ16"，都是直角形钢筋。"4Φ18"的水平段，比"4Φ16"的水平段长。"4Φ18"的垂直段锚在左端柱内；"4Φ16"的垂直段锚在右端柱内。这两种钢筋的水平段，都穿过中间柱，形成搭接。详见《构造详图》。

为了更进一步形象地说明平法标注的意义，下面用传统的工程制图表达方法，如图3-6，画出了钢筋梁的立面图和从梁中抽出的钢筋图。请注意，图3-6中的箍筋间距，只标注了一种。一般情况下，框架梁的箍筋间距，都是两种。以后，读图时留心这一点就可以了。

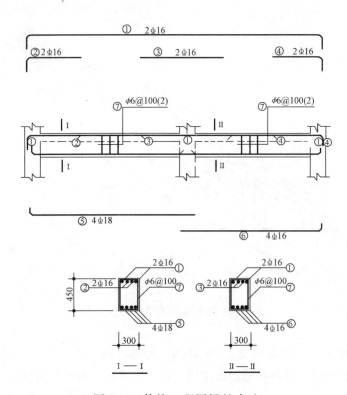

图 3-6 传统工程图梁的表达

图3-7是图3-6的双跨梁轴测投影示意图。

图3-8所表示的梁箍，靠近柱子的地方，箍距密。而在梁的跨中处，箍距疏。箍距密，是源于强度要求高。

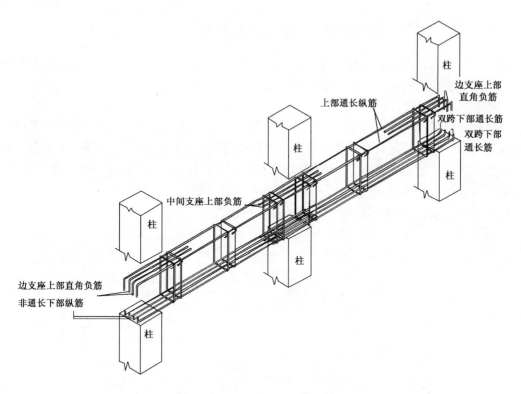

图 3-7 双跨梁的轴测投影示意

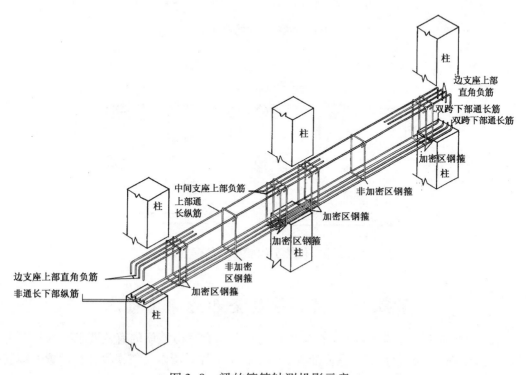

图 3-8 梁的箍筋轴测投影示意

27

第四节 梁的箍筋原位标注与负筋省略标注

如图3-9所示，通长筋已经标注了，但是，箍筋没有标注。这是因为各跨的箍筋数据各不相同。箍筋数据的标注，改为标注在各跨梁的中间下方。而且，大跨的箍筋直径是8mm，而小跨的箍筋直径是6mm。

梁的两端负筋（近支座处梁上部承受负弯矩——抗拉力的钢筋），都应该知道所配置的钢筋是几根？什么等级的？直径是多少？这些内容都应该标注在梁平面图近支座处。但是，如果像图3-9的中间柱处，柱的左边梁上写有"4Φ16"，而右边却什么也没有写。这意味着在柱的另一侧的钢筋配置，与左边相同。

图3-10是用截面图来说明图3-9的钢筋配置的。

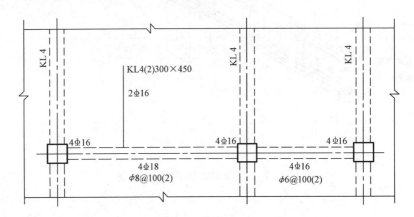

图3-9 梁的箍筋原位标注

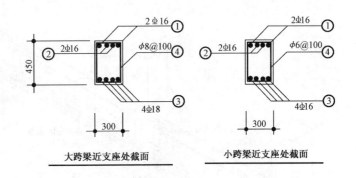

图3-10 传统工程图中梁的钢筋配置

第五节 梁的箍筋全部为原位标注

图3-11是三跨连续框架梁。在集中标注处，没有写出箍筋的有关要求。这是因为三根梁的跨度都不一样，从而，它们的受力状态也不一样。所以，三根梁各自配置的箍筋的直径、间距和肢数，也不尽相同。具体要求，分别标注在自己梁的下方。

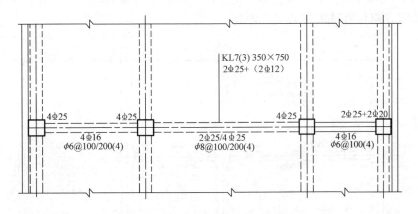

图 3-11　连续框架梁箍筋原位标注

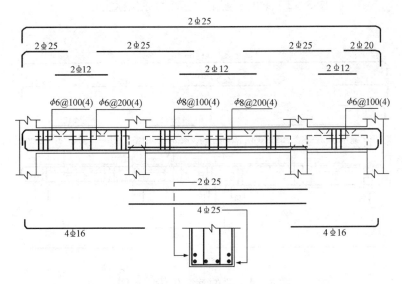

图 3-12　传统工程图的钢筋绑扎立面图

根据图 3-11 三根梁总的集中标注和原位标注所表达的意图，在下面画出梁的钢筋绑扎立面图，以及拆出来的钢筋。并且，用局部截面图来表示钢筋的摆放部位。因为梁的宽度，是 350mm，所以，要求箍筋为四肢。见图 3-12。

第六节　箍筋的集中标注与箍筋原位标注兼有情况

从图 3-13 中的箍筋标注来看，箍筋既有集中标注，又有原位标注。在既有箍筋集中标注的前提下：如果某跨没有原位标注时，就执行集中标注的内容；如果某跨有不同于集中标注的原位标注时，便执行原位标注的内容。图 3-13 中两个较小跨的箍筋原位标注的内容，就与集中标注的内容不一样。这时，就要执行原位标注的内容。可以看出，大跨梁中的箍筋直径是 φ8，而小跨的箍筋直径是 φ6。另外，梁高和构造筋（梁侧面纵向筋）及梁的截面高度，大跨梁和小跨梁之间也不一样。这就是当集中标注的内容，与原位标注的内容不一致时，原位标注的内容优先原则。

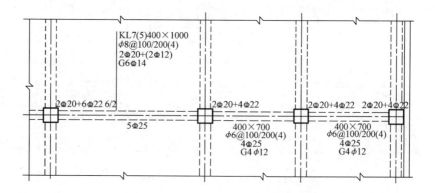

图 3-13 梁的箍筋集中标注与原位标注并存

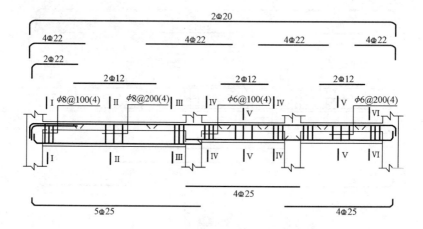

图 3-14 梁的箍筋传统工程图

上图立面中未画构造筋，构造筋见图 3-15。

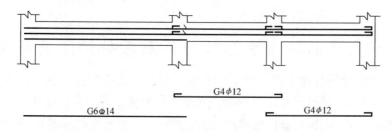

图 3-15 梁的构造筋传统工程图

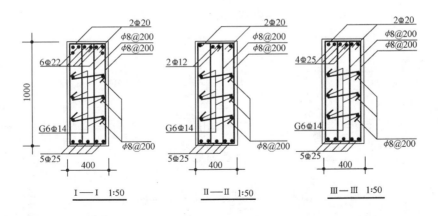

图 3-16 梁截面图之一

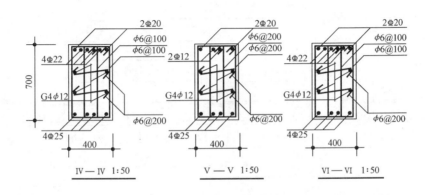

图 3-17 梁截面图之二

第七节 原位标注抗扭筋

图 3-18 是五跨连续框架梁。梁的宽度是 350mm，所以箍筋设为四肢（因为宽度≥350mm 时，需设四肢）。近柱处的箍筋，属于密箍区箍筋，间距为 100mm。梁的跨中区，属于疏箍区箍筋，间距为 200mm。梁的高度是 700mm，当梁的高度减去楼板厚度≥450mm（设本图符合此条件）时，须设置构造钢筋（设此跨梁未受扭力）即"G4ϕ12"，防止垂直于梁截面的部位发生收缩裂缝。集中标注的第三行，是两根上部通长筋 2Φ20 和两根架立筋（2Φ12）。这里要特别指出的，是一个梁下注有的 N4Φ12。"N"是抗扭筋的意思。后面是四根直径 12mm 的 HRB400 级钢筋。五跨连续框架梁中，只有一跨是原位标注"N4Φ12"。这就是说，其余四跨都是按照集中标注的第四行，设置构造钢筋。

为了解读图 3-18 所示，用平法绘制的梁的配筋图，这里用等价的传统的梁的钢筋立面图——图 3-19，来进行表达。图 3-19 是投影视图的形象表达，易于理解。为了清晰地表达各种钢筋的配置，在图 3-19 中，没有画出抗扭钢筋和构造钢筋。抗扭钢筋和构造钢筋，图3-20中表达的。再通过图3-21，就把全部钢筋显露出来了。

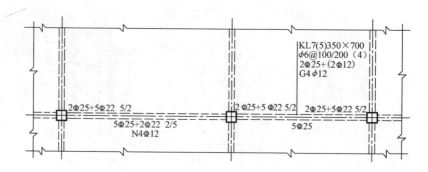

图3-18 框架梁抗扭筋原位标注

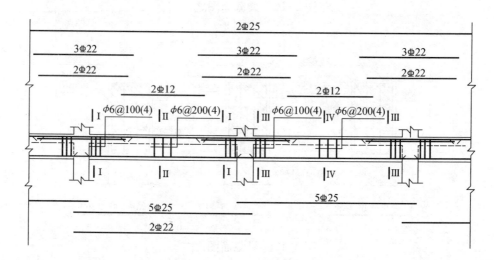

图3-19 梁的钢筋传统立面图

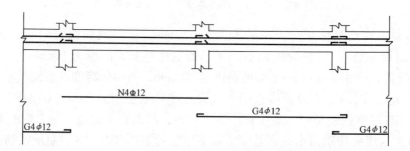

图3-20 梁的抗扭筋和构造筋传统立面图

此前都是用"/"来表示区分钢筋上下排的符号。还有一种用"——"来表示区分钢筋上下排的符号。图3-22中的下部钢筋，就是用

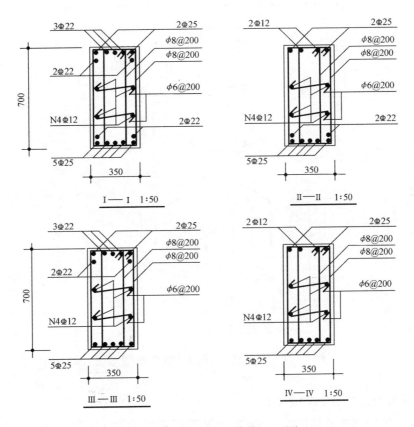

图 3-21 梁的配筋传统工程图

$$\frac{2 \oplus 22}{2 \oplus 25 + 2 \oplus 22}$$

来表示的。式中分子的"2Φ22",是两根直径为 22mm 的 HRB335 级钢筋,放在梁的下部上排;分母中的"2Φ25",是两根直径为 25mm 的 HRB335 级钢筋,放在梁的下部下排角部;分母中"+"后面的"2Φ22",是两根直径为 22mm 的 HRB335 级钢筋,是放在梁的下部下排中间。

在图 3-22 中,利用示意引线,把平面图中下部钢筋标志式的各项,与其下截面图中的钢筋部位对应起来。这样一来,就一目了然了。

图 3-22 中的跨中的下部钢筋标注的

$$\frac{2 \oplus 22}{2 \oplus 25 + 2 \oplus 22}$$

也可以用

$$2 \oplus 22 / 2 \oplus 25 + 2 \oplus 22$$

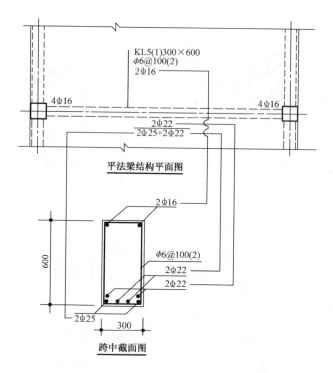

图 3-22 平法图标注与传统截面图对照

来表达，是等效的，如图 3-23 所示。

图 3-24 中集中标注的第四行，N4⊕14 是四根直径为 14mm 的 HRB400 级的抗扭筋。边部梁或梁的两侧荷载不均衡等，都会导致梁产生扭力。经过内力计算，需要设置抗扭筋。抗扭筋是梁的侧面纵向筋。既然抗扭筋是写在了集中标注的地方，那就是说，五跨梁都设置抗扭筋。四根抗扭筋，梁的每侧各设置抗扭筋两根。凡是梁的侧面纵向筋，一律设置拉筋。

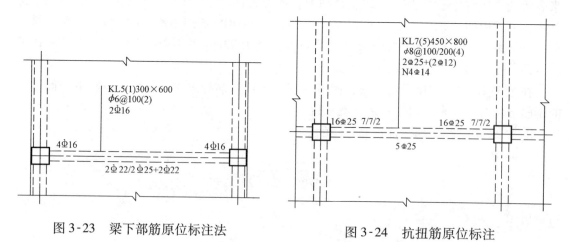

图 3-23 梁下部筋原位标注法　　　　图 3-24 抗扭筋原位标注

图 3-25，对图 3-24 中的集中标注和原位标注，均做了图示表达。

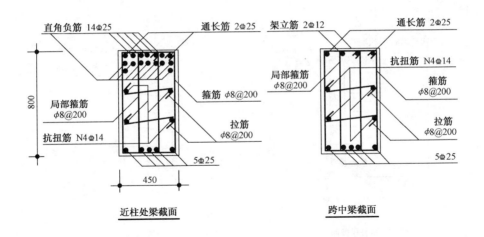

图 3-25 梁的抗扭筋及抗拉筋传统截面图

图 3-26 中的集中标注第四行，写的不是抗扭筋，而是写的"G4ϕ12"。其中"G"是构造筋的符号。设置构造筋的梁，是没有外部扭力荷载加给该梁的。设置构造筋的梁，是根据梁的高度来确定的。在框架梁的设计中，梁没有承受外部扭力，但是，当梁腹板（梁与板整体浇注时，去掉板厚而剩下的梁高）的高度≥450mm 时，必须在梁的纵向两侧面，配置构造钢筋。

在图 3-26 中，更要强调讲解的是钢筋的合理配置。

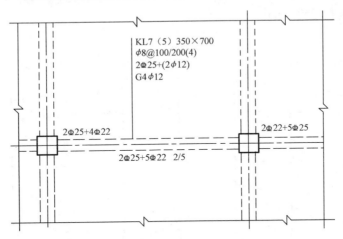

图 3-26 梁的构造筋集中标注

图 3-27 左侧的"近柱梁截面"中，上部的配筋中，有四根直径为 22mm 的钢筋和两根直径为 25mm 的钢筋。梁的宽度，已知为 350mm。现在问一下，350mm 的梁宽，能不能容纳得下这些钢筋？

这里可以用下面的诺模图表，只用几秒钟的时间，就能回答这个问题。直径为 22mm 的钢筋，在最左方的 d_2 竖直刻度线上，取刻度 22。接着，再在"数量 2"竖直刻度线上，取刻度 4（就是直径为 22mm 的钢筋，有四根），"22"与"4"连线，延长交 B 线于 230

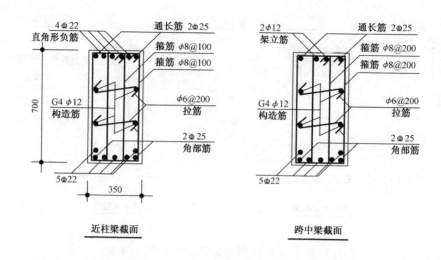

图 3-27 梁的构造筋传统图

处。交于 B 线上的点，按 B 与 $B1$ 的相似比例关系，在 $B1$ 线上，找到该相应的点。在最右方的 d_1 竖直刻度线上，取刻度25。接着，再在"数量1"竖直刻度线上，取刻度2（就是直径为25mm的钢筋，有二根），"25"与"2"连线，延长交 A 线于 130 处。交于 A 线上的点，按 A 与 $A1$ 的相似比例关系，在 $A1$ 线上，找到该相应的点。最后，把 $B1$ 线上的点和 $A1$ 线上的点连线，交于"占据梁宽 mm"线上于 340 点处。图解说明350mm宽的梁，是能够容纳得下这6根钢筋的。

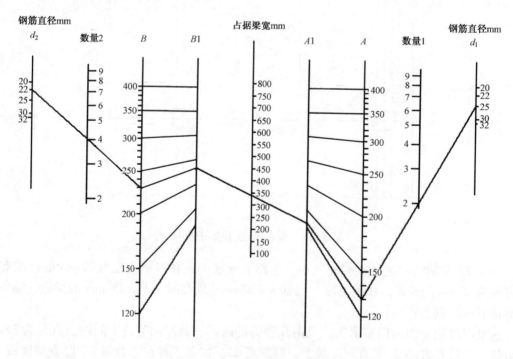

图 3-28 梁截面钢筋根数验算诺模图

第四章 悬挑梁与加腋梁的标注及其图示方法

第一节 悬 挑 梁

悬挑梁与加腋梁的共同几何特点，是沿梁的长度方向，其截面是变化的。但是，它们的截面宽度是不变的。如图2-9和图4-6所示。

参看图4-1，在规定的集中标注中，只能在其第一行看到"KL2—(2A)"中的"A"，说明在两跨梁的一端有悬挑梁。由于悬挑梁的内力特性，悬挑梁的上部钢筋是受拉的。还有一个特点，就是梁内有"斜筋"（以前叫做弯起钢筋）。相同几何尺寸和相同配筋的悬挑梁，编成一个梁号，如"XL1"。在诸多相同梁的一个梁处，标注出梁宽、梁根部高度和梁端部高度，如"XL1 300×600/450"（见图4-1）字样。此次举例的悬挑梁，是以原位标注为主。从图上可以看出，上部钢筋是单独标注的。如"$\frac{4\Phi25}{2\Phi25}$"所表示的悬挑

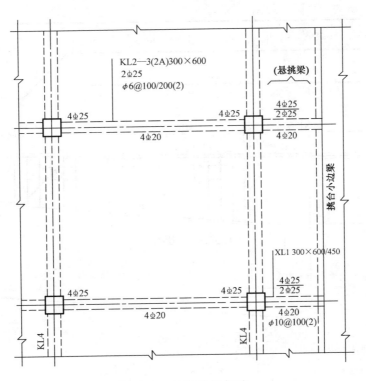

图4-1 悬挑梁的标注

梁上部钢筋，与左邻框架梁的上部钢筋的表示就不同。另外，悬挑梁的箍筋间距也与左邻框架梁不一样。悬挑梁的箍筋间距是沿悬挑梁的全长加密的。而且，箍筋的高度，也是沿梁长逐渐变化的。另外，值得指出的是，悬挑梁上部钢筋标注的"$\dfrac{4\underline{\Phi}25}{2\underline{\Phi}25}$"，横线上边的"4$\Phi$25"表示位于上部筋的第一排；横线下边的"2$\Phi$25"表示位于上部筋的第二排。前面提到的"4$\Phi$25"和"2$\Phi$25"之间的关系，是上下之间钢筋的配置关系。这是一种习惯标注方法。按照规则，应该是用"/"把二者分开。碍于地方狭窄，才采用了横杠"———"。

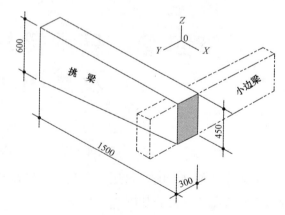

图4-2 悬挑梁轴测投影示意图

另外，由于悬挑梁的间距较大，避免其上的板产生不必要的挠度，从而设计了小型边梁。

图4-2是根据悬挑梁的几何尺寸，画出的轴测投影图。

图4-3是根据图4-1悬挑梁的平法图，画出的施工详图。

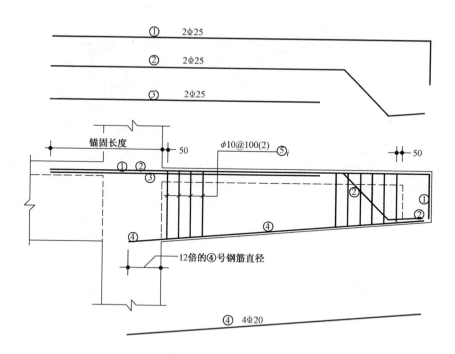

注：i=1~20

图4-3 悬挑梁传统施工详图

通常，在平法图中的框架梁及其次梁中，梁的纵向钢筋是不设计"弯起钢筋"的。悬挑梁中的"弯起钢筋"，算是一个梁中的特例。

图 4-3 的①、②和③钢筋，均伸入到框架梁中，进行锚固。其锚固长度，则按梁的抗震等级或非抗震梁，去查施工标准详图——0×G101—1（其中"×"，是数字，数字愈大，愈是新版本）。

②号钢筋弯到梁底部以后，图表示②号钢筋在底部，属于梁下部的上排。②号钢筋之所以是放在梁下部的上排，是因为梁下部的下排，位置容纳不下的缘故。如按规定能容纳得下，就可以放至在下排。

现在用诺模图来验算一下，梁的下部放置四根直径 d_2 为 25mm 和两根直径 d_1 为 20mm 的钢筋，能不能搁得下？诺模图的编制，考虑的是梁的保护层为 25mm，而且是梁的下部下排。参看图 4-4。

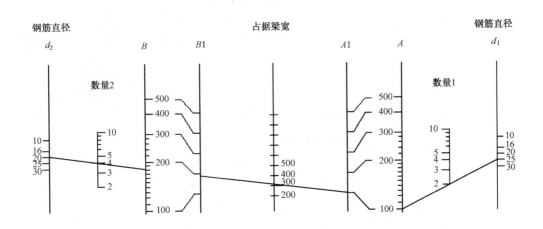

图 4-4 梁宽与容纳钢筋数量计算诺模图

计算步骤如下：

1. 选 d_1 线上"25"点，引直线，通过数量 1"2"点，交于 A 线；
2. 由 A 线上的点，过渡到 A1 线上的相应点；
3. 选 d_2 线上"20"点，引直线，通过数量 2"4"点，交于 B 线；
4. 由 B 线上的点，过渡到 B1 线上的相应点；
5. A1 线上的相应点与 B1 线上的相应点，连线交"占据梁宽"于"300"稍多一点的地方——即答案。

图 4-4 适用于梁底一、二排筋，且保护层厚为 25mm。

从图 4-5 中的悬挑梁钢筋绑扎轴测投影图来看，①号筋和②号筋，都是梁的上部筋。它们都入到柱和梁中。而且，②号筋及至近梁端处，又以 45°的下弯到梁底。③号筋是两根上部二排筋，它并不向前伸至梁端而是中断。

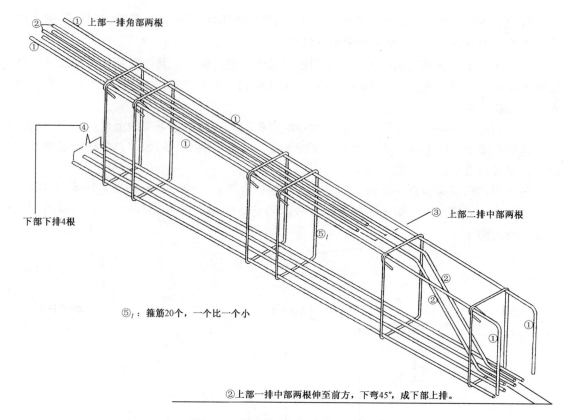

图 4-5 悬挑梁钢筋绑扎轴测图

第二节 加腋框架梁

框架梁在接近柱时，梁的高度逐渐变高，见图 4-6。梁多出的这部分，就叫做梁腋。其水平部分，叫做腋宽；垂直部分，叫做腋高。梁腋处增设腋筋，而且，箍筋的高度像悬挑梁箍筋那样也有变化。

加腋框架梁的结构平面图及其标注方法，见图 4-7。加腋框架梁的结构平面图，与一般框架梁的结构平面图及其标注方法基本相同。其区别在于，梁的水平投影有腋（短划虚线），和标注截面尺寸前加注符号"Y"（即腋）。

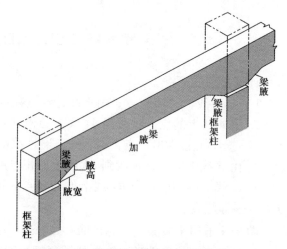

图 4-6 加腋框架梁轴测投影图

按照框架梁的结构平面图及其标注的数据，可以绘制出它的施工详图——钢筋梁的立面图。同时，根据钢筋梁的立面图，拆绘出它们的每根钢筋来。而且，把钢筋梁的上部筋放在梁的上部；钢筋梁的下部筋放在梁的下部。

钢筋直径较大，梁宽较小，钢筋能不能放得下？这里再用前面的诸模图检验一下。请看图4-8，梁宽200多就可以了。

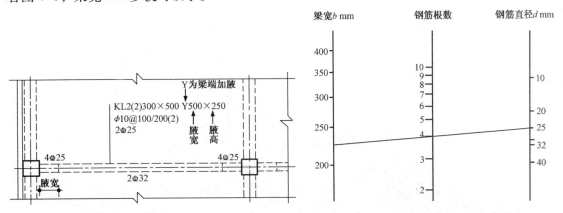

图4-7 加腋框架梁结构平面图及其标注

图4-8 梁最小宽度验算诺模图

图4-8应用于上部一排筋。这是用钢筋直径和钢筋根数，来求梁的最小宽度的。

图4-9是根据图4-7平法加腋梁结构平面图及其标注，绘制的施工详图。并且，将其纵向钢筋和腋筋，按其上下部位，分别画在梁的上部或下部。

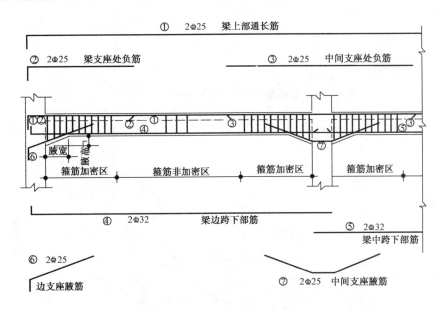

图4-9 加腋框架梁传统施工详图

图4-10是加腋框架梁，左边跨部分的钢筋轴测投影图。图4-7中，梁左端上面的原位标注的"4Φ25"，有两根是通长筋，另两根是直角形负筋。直角形负筋不到梁中间就断了。腋筋低于下部筋时，梁的箍筋，便逐渐变高。

图4-11是中间柱上面的加腋框架梁的钢筋轴测投影图。此处的支座上部③负筋是直形筋，而图4-10所示之边支座处的②负筋是直角形筋，这里的⑦腋筋也与（图4-10）边支座处的⑥腋筋不同，⑦腋筋是盆形。

41

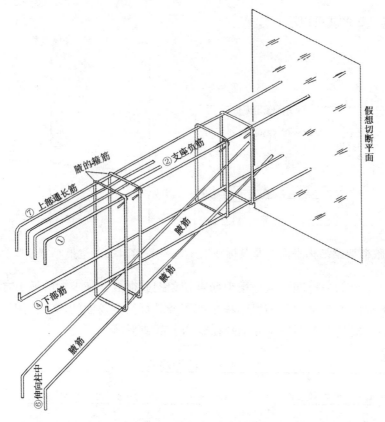

图 4-10 加腋框架梁左边跨钢筋轴测投影图

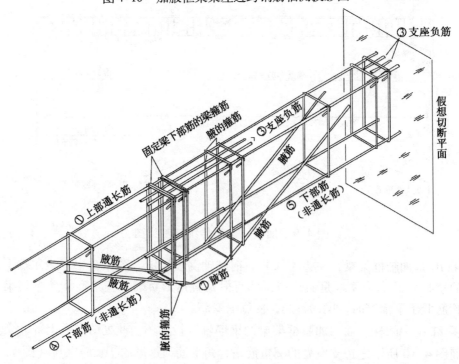

图 4-11 中间柱上加腋框架梁钢筋轴测投影图

第五章 框架柱的规格标注及其图示方法

在框架结构体系中，框架柱由于所处的位置不同，从而它所承受的荷载也不同。这就意味着框架柱中，所配置钢筋的强度规格（比如 HPB235、HRB335 和 HRB400——工地上过去平常说的Ⅰ级钢、Ⅱ级钢和Ⅲ级钢）、直径大小、摆放位置、搭接部位和加工形状及其尺寸等也会不同。框架柱可分为：角柱、边柱和中柱；中柱角柱和边柱，又有顶层、中层和底层之分。再从抗震设防的角度来分，又分为一级抗震框架柱、二级抗震框架柱、三级抗震框架柱、四级抗震框架柱和非抗震框架柱五类。

如果框架层数不高的话，它的柱子截面，沿其高度方向，可以保持不变——即等截面的柱子。如果框架的层数比较高，愈往上，截面则愈来愈小，即变截面的柱子。高层建筑中的变截面框架柱，由前述已知，从框架柱所处位置上看，又分为中柱、角柱和边柱。图 5-1 是框架中间柱的轴测投影示意图。

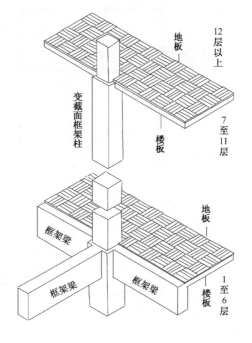

图 5-1 框架中间柱的轴测投影示意图

从图 5-1 中可以看出，上层楼板的底面是有框架梁的。但是，没有画出来，主要是为了显现柱的截面轮廓变化形状。

第一节 柱子的箍筋

这里介绍关于柱中箍筋肢数和纵向钢筋的标注问题。在钢筋混凝土的柱子中，都配置了纵向受力钢筋，为了确保纵向受力钢筋在浇灌混凝土时，不产生位移，必须要配置固定此受力钢筋位置的箍筋。这里，把柱截面看做两维平面体系，即 X、Y 坐标系。纵向受力钢筋不能沿 X 或 Y 方向产生位移。如下面图 5-2 的 a 图，柱的四个角各有一根纵向受力钢筋，用一个方形箍筋或矩形箍筋，把纵向受力钢筋绑扎固定，令纵向受力钢筋沿 X 或 Y 方向均无自由度。另外，沿柱子的高度方向，则由箍筋的间隔距离来控制。对于框架柱来说，上下接近梁的部位，箍筋的间隔距离就小一些；框架柱中间段，相对来说，箍的间隔距离就大一些。但是，对于抗震设防中强度要求较高的角柱（房屋转角处的柱子）来说，箍筋的间隔距离就要全长加密。

现在再来谈谈箍筋的肢数问题。参看下图，固定纵向受力钢筋的箍和拉筋，自左而右有几条竖线，就是竖向有几肢。同样，固定纵向受力钢筋的箍和拉筋，自下而上有几条横线，就是横向有几肢。如图5-2（a）中的2×2，竖向有2肢，横向也有2肢。图5-2（b）也是2×2。图5-2（c）是3×2——从竖向看，一个箍筋有两条竖线，再加上拉筋的一条线，共三条线；从横向看，一个箍筋有两条横线。图5-2（d）是3×3，也就是说，横竖两个方向，各有一个拉筋。再看图5-2（e），沿横的方向去查看竖线，有四根线——一个主箍的两条竖线和一个局部箍筋的两条竖线，共四条线，也就是4×3中的4。

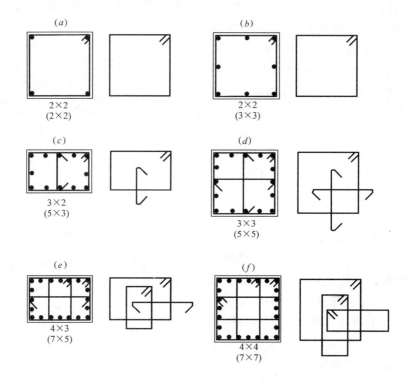

图5-2 常见的框架柱截面箍、拉箍设计图之一

图5-2（a）中的（2×2），表示纵向受力钢筋的列数和排数。竖向为列，横向为排。以图5-2（c）为例，列数为5，排数为3，因而有（5×3）。

从框架柱截面的箍、拉筋肢数设计要求来看，如图5-2（c）所示。上排有5根筋，应该设置几肢呢？左端筋和右端筋与方箍绑扎以后，沿X和Y的两个方向均无自由度（均不能上下左右移动）。当中的钢筋，是由拉筋经过绑扎来限制它的双向自由度的。这里，要注意，拉筋必须同时勾住箍筋和纵向受力钢筋，方能令当中的钢筋双向自由度受到约束。这样一来，剩下的钢筋，经过同箍筋绑扎以后，失去Y向自由度，但还存在一个X方向的自由度，这是容许的。

设钢筋的列数为i，排数为j，则柱中钢筋的数量计算公式为

$$2(i+j)-4 。$$

为了满足上述限制纵向受力钢筋的自由度的条件，每边纵向受力钢筋的数量应等于单数。

习惯上局部箍筋，只圈兜三对纵向受力钢筋。

图 5-2～图 5-8 中的 (a)、(b)、(c)、(d)、(e)、(f)、(g)、(h)、(i)、(j)、(k)、(l)、(m)、(n)、(o)、(p)、(q)、(r)、(s)，均为常见的框架柱截面的箍、拉筋肢数设计图。

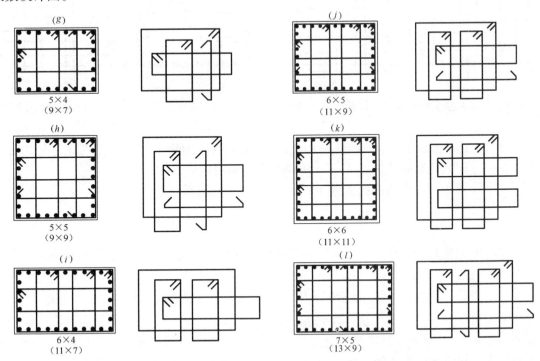

图 5-3 常见框架柱截面箍、拉筋设计图之二　　图 5-4 常见框架柱截面箍、拉筋设计图之三

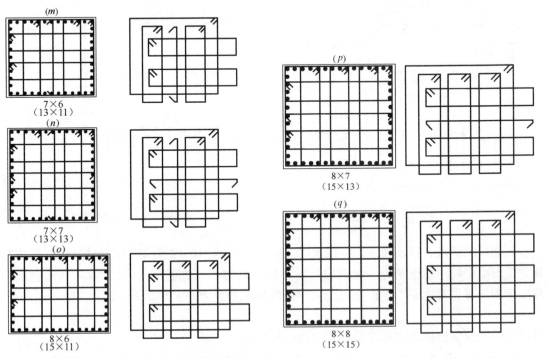

图 5-5 常见框架柱截面箍、拉筋设计图之四　　图 5-6 常见框架柱截面箍、拉筋设计图之五

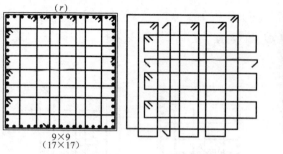
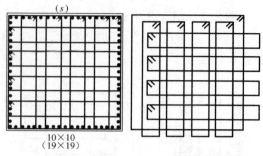

图5-7 常见框架柱截面箍、拉筋设计图之六　　图5-8 常见框架柱截面箍、拉筋设计图之七

综合上述柱截面中的箍肢数量与纵向受力钢筋的数量之间的关系，可以导出下公式来：

框架柱箍肢数量 ×2－1＝纵向受力钢筋的数量；

（纵向受力钢筋的数量＋1）/2＝框架柱箍肢数量。

第二节　横向局部箍筋

横向局部箍筋的计算，是根据外围箍筋和局部箍筋之间的比例关系进行计算的。参看图5-9，先讲一下"Pb"和"Ph"的意义。Pb 是指水平方向的纵向受力钢筋之间一共有多少个空隙数。同理，"Ph"是指竖直方向的纵向受力钢筋之间一共有多少个空隙。

下面再讲一下"i"和"j"的概念。参看图5-10。"i"和"j"都是为以后计算局部箍筋做准备的。i 是一个横排纵向受力钢筋的总数，j 是一个竖排纵向受力钢筋的总数。右下角的那一根纵向受力钢筋，既属于横排纵向受力钢筋，又属于竖排纵向受力钢筋，是可以重复用，是共用的。

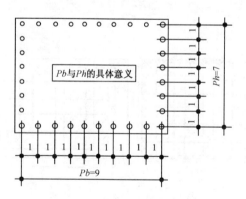
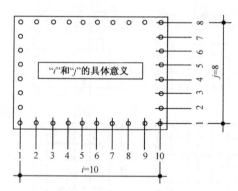

图5-9　Pb 和 Ph 的意义　　　　　　　图5-10　i 和 j 的意义

前面已经讲过，箍筋通常是标内皮尺寸的。局部箍筋的内皮尺寸如何计算呢？此次计算它是有前提的。也就是说，箍筋的间隔必须是均匀的。先看图5-11，横向局部箍筋计算原理图。首先考虑一个竖排纵向受力钢筋的间隙数目 Ph 等于多少？也可以按

$$Ph = j - 1$$

再看图中如何求出横向局部箍筋沿竖向的内皮尺寸。先求 Qh

即横向局部箍筋内部,沿竖向的纵向受力钢筋的间隙数目。接着,按下列步骤进行:

1. 求右侧竖排筋的上、下两筋中心线间距离为

$$H - 2Bhc - dz$$

2. 求相邻两筋中心线间距离为

$$\frac{H - 2Bhc - dz}{Ph}$$

3. 求横向局部箍筋内沿竖向若干钢筋中心线间距离为

$$\frac{Qh \times (H - 2Bhc - dz)}{Ph}$$

4. 求横向局部箍筋沿竖向的内皮尺寸为

$$\boxed{\frac{Qh}{Ph}(H - 2Bhc - dz) + dz} \tag{5-1}$$

因为图中出现两种直径,这里用两种符号规定两种直径:dz 表示纵向受力钢筋的直径;dg 表示箍筋的直径。

图 5-12 是具有标注横向局部箍筋的箍筋下料图。

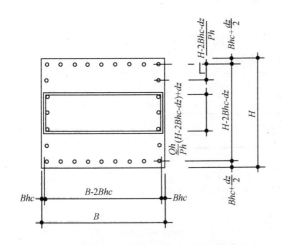

图 5-11 横向局部箍筋计算原理图

dz——纵向受力钢筋直径;
dg——箍筋直径;
Pb——截面横排纵向受力钢筋之间总空隙数;
Ph——截面竖排纵向受力钢筋之间总空隙数;
i——横排纵向受力钢筋总数;
j——竖排纵向受力钢筋总数;
$Pb = i - 1$;
$Ph = j - 1$;
Qb——竖向局部箍所包围横排纵向受力钢筋之间的空隙数;
Qh——横向局部箍所包围竖排纵向受力钢筋之间的空隙数。

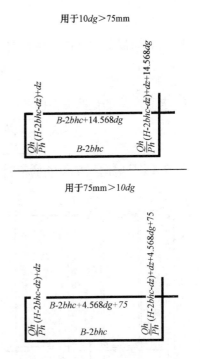

图 5-12 横向局部箍筋的下料图

图 5-12 中所标注的箍筋尺寸，都是箍筋的加工尺寸。箍筋的加工尺寸与箍筋的下料尺寸，是两个概念。箍筋的下料尺寸的大小，要小于箍筋的加工尺寸。箍筋的下料尺寸的计算，见《平法制图的钢筋加工下料计算》一书（高竞等著，中国建筑工业出版社出版）。

第三节 竖向局部箍筋

上面说的横向局部箍筋，只是在柱中使用。而竖向局部箍筋，既可以在柱中使用，又可以在梁中使用。竖向局部箍筋计算，和横向局部箍筋计算的方法，基本上是一样的。前面如图 5-3 中的双竖向局部箍筋，有时是用在梁中。它在柱中，通常是不使用的。

图 5-13 是竖向局部箍筋计算的原理图。

首先考虑一个横排纵向受力钢筋的间隙数目 Pb 等于多少？也可以按 $Pb = i - 1$ 计算。

再看图中如何求出竖向局部箍筋沿横向的内皮尺寸。先求 Qb，即竖向局部箍筋内部，沿横向的纵向受力钢筋的间隙数目。接着，按下列步骤进行：

1. 求底部横排筋的左、右两头钢筋中心线间距离为

$$B - 2Bhc - dz$$

2. 求相邻两筋中心线间距离为

$$\frac{B - 2Bhc - dz}{Pb}$$

3. 求竖向局部箍筋内两头横向钢筋中心线间距离为

$$\frac{Qb \times (B - 2Bhc - dz)}{Pb}$$

4. 求竖向局部箍筋沿横向的内皮尺寸为

$$\boxed{\frac{Qb}{Pb}(B - 2Bhc - dz) + dz} \tag{5-2}$$

图 5-14 是竖向局部箍筋的下料尺寸图。

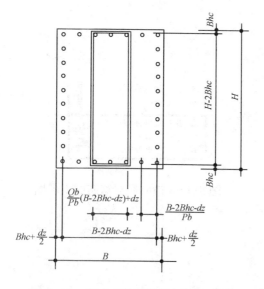

图 5-13 竖向局部箍筋计算原理图

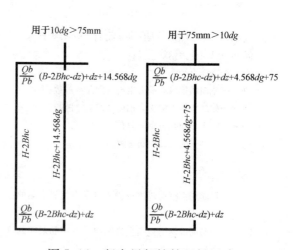

图 5-14 竖向局部箍筋下料尺寸

随着建筑工业的发展，高层房屋的出现，柱子里钢筋也越来越多。以前，一根柱子里钢筋，一般多为 4 根或 8 根。从前面的图 5-8 中 s 图来看，肢数 10×10 中的钢筋数量为

$$2(i+j) - 4 = 2(19+19) - 4 = 72$$

但是，在平法制图的图纸中，是不画柱子钢筋的立面施工图的。在这里暂且借画柱子钢筋的立面施工图，讲一下与其有关的事项。纵向受力钢筋列为 7，排为 7，肢数为 4×4。在配置箍拉筋时，它属于图 5-2 中的 f 类型。即一个主箍、一个横局部箍筋和一个竖局部箍筋。截面图在传统的制图表达方法里，是在钢筋的立面图上截取并画出它的截面图。而在目前平法制图中，柱的截面图，是在柱的结构平面图里，在众多相同型号的柱子里，选择其中一个作为典型加以放大画出。

第四节　柱子的制图表达方法

一、柱子的传统制图表达方法

混凝土结构施工图的"平面整体表示方法制图规则"，是对传统的制图表达方法，进行了有规则的简化。所以，在介绍平面整体表示方法制图规则之前，再复习一下柱子的传统制图表达方法。

如图 5-15，是钢筋混凝土柱的传统制图表达方法。柱子的截面，是在柱子的立面图上，通过截面剖切符号，画出来的。

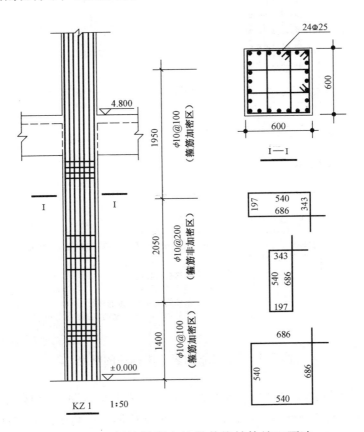

图 5-15　钢筋混凝土柱的传统结构施工画法

二、柱子的平法制图表达方法

在"平面整体表示方法制图规则"中,表达钢筋混凝土柱子的模板尺寸和钢筋配置时,是在柱子的结构平面图中,尽量在最左排或最下排(即空间最前排)的柱子中选择一个作为典型,且放大画出柱子的"施工详图"。相同编号的柱子,只画一个。这个"施工详图"的尺寸和材料标注,与传统的制图表达方法,大不相同。

如图5-16所示,左下角就是放大画出的柱子KZ1。这里首先表示有柱子的定位尺寸,即柱子的边缘到柱子的轴线间的尺寸。图5-17就是对图5-16的诠释。

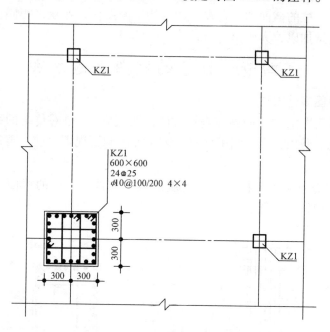

图5-16 平法制图的表达方法

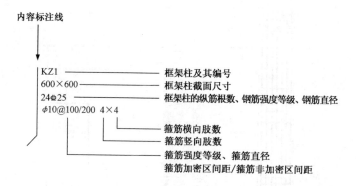

图5-17 平法制图表达中标注的解释

对于柱的标注引线,也有的是从柱的上方轮廓线处引出。如图5-18所示。

由于图5-19中的柱子截面,不是正方形,而是矩形。把角部纵向钢筋和中部纵向钢筋,分开来标注。如果,相邻两侧中部纵向钢筋的直径不一样时,它的优越性就显示出来了。

利用诺模图检查一下图 5-19 中 800×600 柱的截面，能不能够分别容纳得下 9 根和 7 根钢筋？见图 5-20，就可以知道，能够容纳得下。请注意，此诺模图的应用，只限于柱的混凝土保护层为 30mm 厚。

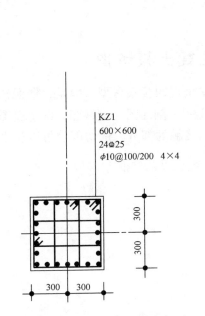

图 5-18 从柱上方引出标注线

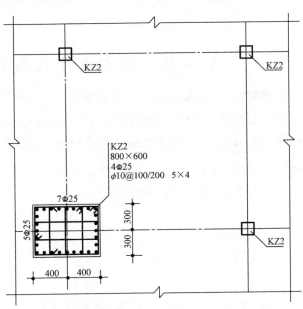

图 5-19 矩形柱从角部和中部分别引出标注线

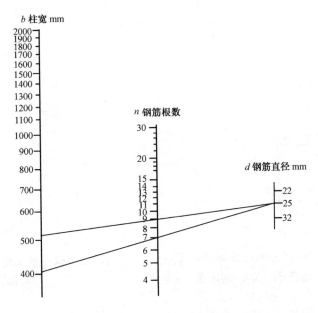

图 5-20 柱截面可容钢筋根数验算诺模图（保护层厚 30mm）

第六章 多层中柱变截面处过渡纵向筋

第一节 变截面中柱钢筋混凝土模板图

参看图6-1，框架中间柱的变截面处，钢筋的绑扎是呈现四棱锥台型。但是，框架柱的混凝土模板图，仍然是四棱柱型。图6-1的立面图是Ⅰ—Ⅰ剖面图（剖视图，即土建图中称为剖面图）。图中涂深色部分是结构与假想剖切面相接触的部分。剖切部位可以从平面图上的剖切符号 ⌐ ⌐ 看出。侧立面图和平面图的产生，以此类推。

下图6-2是图6-1的立体示意图。

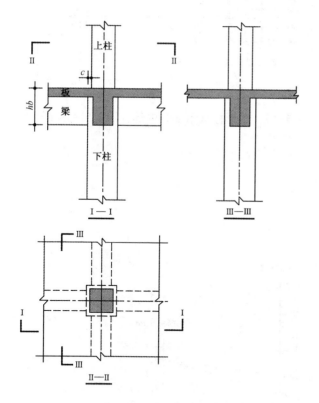

图6-1 框架中间柱的传统结构施工
画法——局部平、立、剖面图

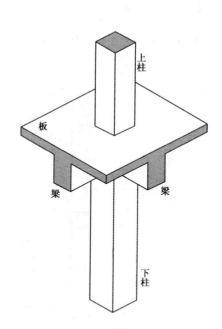

图6-2 框架中间柱及其梁板的
局部示意图

在框架柱的结构平面图中，由于柱子所处的位置不同，会引起配置的钢筋不同。从钢筋下料的角度可以区分为平面图中间部分的柱子、靠外墙边部的柱子和墙角部的柱子。这些柱子可以分别称为中柱、边柱和角柱。

钢筋混凝土框架结构的高层框架柱，随着层数的升高，柱的截面可以分段变得小一些。

第二节　多层中柱的传统制图表达方法

在高层楼房建筑中，框架柱常常采用变截面的设计和施工。在传统的制图方法画出的图6-3中，框架柱沿高度方向伸展，分成几种大小不同尺寸的截面。柱子越往上，截面的尺寸越小。

图6-4为中柱变截面处，纵向钢筋上升走向的立面图。

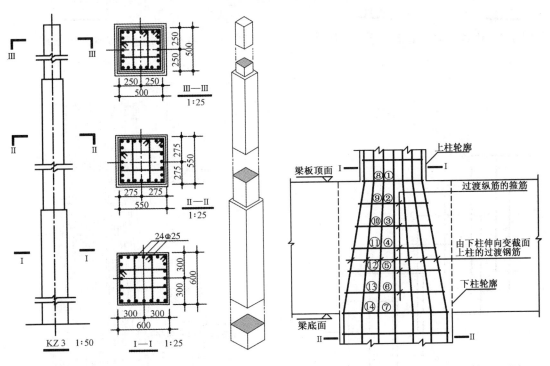

图6-3　高层框架中的变截面中柱的传统
　　　结构施工图画法及其立体示意图

图6-4　中柱变截面过渡钢筋立面图
注：Ⅰ—Ⅰ、Ⅱ—Ⅱ见图6-5。

示意图均未按比例绘制。

为了讲解框架柱的平法制图的图示方法，首先借用传统的制图方法，绘制高层框架中的变截面中柱图。这个高层框架柱，沿高度方向，截面的尺寸是变化的。愈往上，截面的尺寸愈小。

但是，上面的问题，在平法的制图中，则不在柱的立面图中截取剖面。而是在框架柱结构平面图中，按不同类型各取一放大，而进行平法标注。

图6-8是框架中间柱的变截面处，钢筋的绑扎轴测投影示意图。柱的变截面，是处在梁的高度范围内。弯折钢筋的轮廓，恰好为正四棱锥台的几何体轮廓形状。

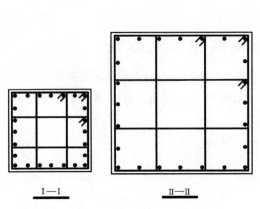

图 6-5 中柱变截面处上、下柱截面图

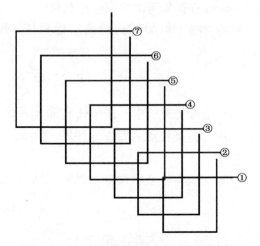

图 6-6 柱变截面过渡筋处系列箍筋

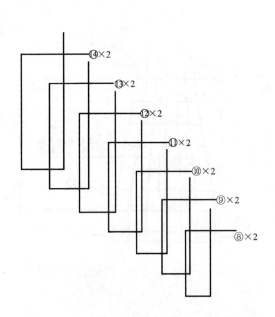

图 6-7 柱变截面过渡筋处系列局部箍筋

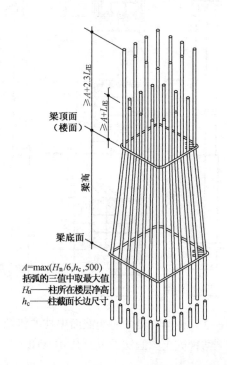

图 6-8 抗震框架中柱搭焊接立体示意图
（为清晰起见，后半部过渡筋未画出）

第三节 抗震多层中柱变截面处过渡钢筋
（钢筋搭接方式）

图 6-8 是框架抗震中间柱钢筋搭接绑扎轴测投影示意图。

图中，大小箍筋的上下和它们的中间，都有箍筋。为了图面清晰起见，均未予画出。

由下层柱，升往上柱的钢筋，要超出梁顶面标高多少断开，是有规定的。升往上柱的钢筋，不能一刀切。根据结构要求，相邻钢筋都是按要求一长一短，犬牙交错式配置的。它们是准备与上层钢筋连接做准备的。图中标注了钢筋露出楼板面的尺寸。

这里先介绍一下钢筋在抗震结构中的锚固长度和搭接长度：

L_{aE}——抗震结构中的纵向受拉钢筋锚固长度；

L_{lE}——抗震结构中的纵向受拉钢筋搭接长度。

以上这些数据，与抗震等级、混凝土强度等级、钢筋强度等级和钢筋直径等有关，可以从《标准》的表中查出。

由楼层的下层伸至上层的过渡铅直方向高度，就是梁的高度。相邻二钢筋的高度差为

$(A + 2.3L_{lE}) - (A + L_{lE}) = 1.3L_{lE}$。

参见图6-9。

上图画的是柱子里左侧后排的七根钢筋，以犬牙交错模式，与上层钢筋相搭接的样式。

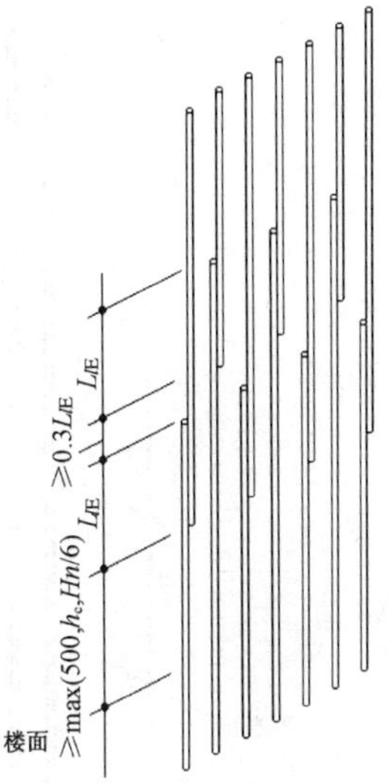

图6-9 抗震框架中间柱的绑扎搭接处局部立体示意图

第四节 抗震多层中柱变截面处过渡钢筋（钢筋机械连接方式）

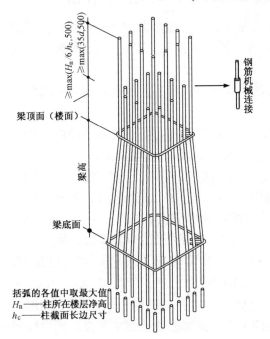

图6-10 抗震中柱下层柱筋伸出上层长度机械对接处示意图
（被遮后半部过渡筋未画出）

当框架柱的纵向钢筋，其直径大于28mm时，已经不再适合采用搭接接头了。钢筋接头可以采用机械连接。这里的机械连接，有点像水暖管路工程里的短接头。用这个所谓的"短接头"来对接两根纵向钢筋。和前面的一样，所有钢筋接头，不能全都位于同一个水平面上。接头位置要错开，连接尺寸见图6-10。

图中所示是与上层钢筋待机械连接的样式，这是应对抗震结构的要求。图中，大小箍筋的上下和它们的中间，都有箍筋，为了图面清晰起见，均未予画出。

图6-11画的是柱子里左侧后排的7根钢筋，与上层钢筋以犬牙交错机械连接的样式。

图6-12画的是柱子里左侧后排的7根钢筋，以犬牙交错模式，与上层钢筋闪光接触对焊连接的样式。

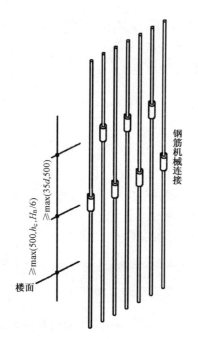

图 6-11　抗震框架中柱
机械连接处局部示意图

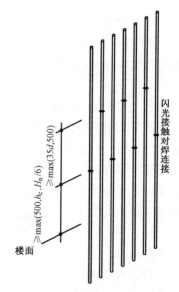

图 6-12　抗震框架中柱
焊接处局部示意图

第五节　中柱变截面处过渡钢筋实长的图解求法

对于变截面处过渡钢筋实长度的求法，这里介绍一种，类似过去钢结构现场放大样的方法。在画法几何学理论上，叫做"投影改造"或"投影变换"，它很直观。如果利用解析法进行数字计算，那是很麻烦的。

在图 6-13 中，是用钢筋的中心线的投影来表示钢筋的长度的。用钢筋的中心线的实长，可以作为钢筋下料的长度。

在图 6-13 中，表示的是框架中间柱，变截面处钢筋中心线的立面图和平面图。由图 6-13、图 6-14 可看出 AB、CD、EF、GH 四段钢筋的立面图，分别是 $a'b'$、$c'd'$、$e'f'$、$g'h'$；四段钢筋的平面图，分别是 ab、cd、ef、gh。立面图和平面图上的钢筋段的投影，均不反映它们在空间的实长。这里可以把平面图中的 ab、cd、ef、gh 四段线，移到图的右方。四段线均以各自的 a、c、e、g 四点为中心，分别旋转为水平位置成 ab_1、cd_1、ef_1、gh_1。则可利用 ab_1、cd_1、ef_1、gh_1 分别去求 AB、CD、EF、GH 四段钢筋在空间的实际长度。

ab_1、cd_1、ef_1、gh_1 分别在图 6-16 中得到应用。通过梁高 hb，求出 a' 点（也是 c'、e'、g' 点），见图 6-16 求出四段钢筋的空间实际长度的图解法。

为了进一步弄清四段钢筋，在空间的实际长度概念，这里在图 6-14 中，用立体图画出空间钢筋段，和它在水平投影面上的投影之间的关系。钢筋上端 A 到水平投影面之间的铅垂距离，就是梁的高度——h_b。水平投影面上的 ab，是空间直线 AB 的水平投影。

Aa（梁的高度）是垂直于水平投影面的。空间 AB 直线水平投影是 ab，而 ab 则是位于水平投影面之内。因此，Aa 垂直于 ab。它们两条线和空间直线 AB，构成了一个直角三角形，根据勾股弦定理计算出它的斜边，即：

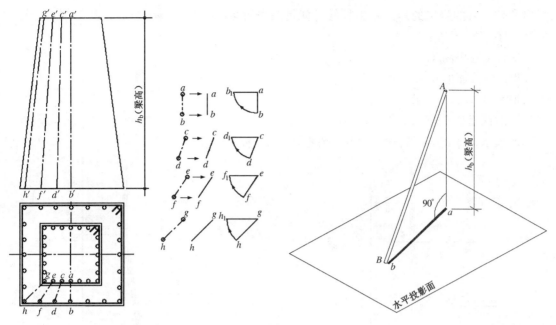

图 6-13 抗震框架中柱的变截面过渡
钢筋中心线的正面投影和水平投影

图 6-14 空间钢筋段立体图

$$\overline{Aa}^2 + \overline{ab}^2 = \overline{AB}^2,$$
$$\overline{AB} = \sqrt{\overline{Aa}^2 + \overline{ab}^2}。$$

图 6-15 就是直角三角形，勾股弦定理的图解答案的立体示意图。

图 6-16 就是根据前述勾股弦定理的图解方法，求出 AB、CD、EF 和 GH 四段钢筋的实长的。

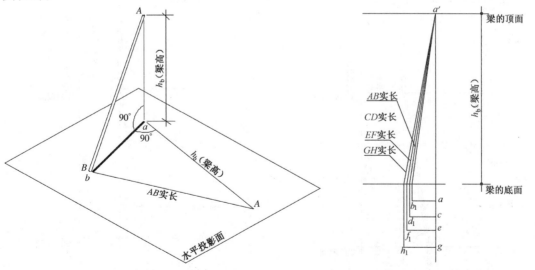

图 6-15 勾股弦定理图解立体示意

图 6-16 求出钢筋的实际长度图解

图 6-17 是抗震框架柱中，中柱变截面处过渡钢筋，穿过梁顶面，在梁顶面以上漏出的钢筋长度部分。上下层的钢筋之间，是犬牙交错式连接。由下层伸到上层的钢筋，有的

露出的长，有的露出的短。露出长的，就是图中所写的长筋；露出短的，就是图中所写的短筋。图中的 W 为：

$W \geq$ 楼层净高/6；

$W \geq$ 柱截面的长边尺寸；

$W \geq 500$。

必须同时满足以上三项。

W 值适用于图 6-18、图 6-19、图 6-20 的几种情况。

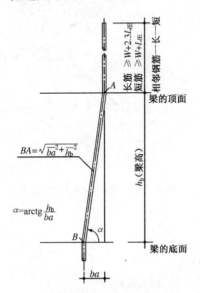

图 6-17　抗震框架变截面中柱过渡钢筋穿过梁顶（AB）

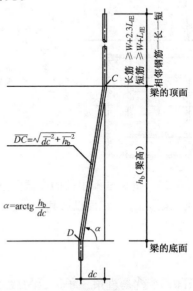

图 6-18　抗震框架变截面中柱过渡筋穿过梁顶（CD）

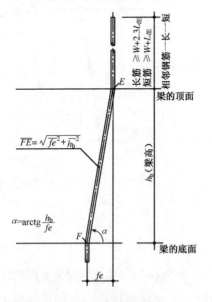

图 6-19　抗震框架变截面中柱过渡筋穿过梁顶（EF）

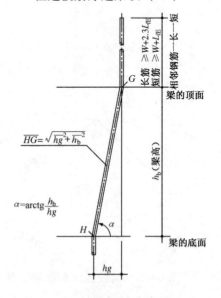

图 6-20　抗震框架变截面中柱过渡筋穿过梁顶（GH）

第六节　非抗震多层中柱变截面处过渡钢筋
（钢筋搭接方式）

图 6-21 的上部，表示的是非抗震框架中柱中，准备与上层钢筋搭接的钢筋预留长度。

图 6-21 中，大小箍筋的上下和它们的中间，都有箍筋。为了图面清晰起见，均未予画出。同时，在梁顶面标高以下钢筋，也是为了图面清晰，后面部分钢筋，也都未予画出。在梁顶面标高以上部分的钢筋，前后都有所表示。

由下层柱升往上柱的钢筋，要超出梁顶面标高多少断开是有规定的。

这里要了解如下两个长度：

L_a——四级抗震结构和非抗震结构中的纵向受拉钢筋锚固长度；

L_l——非抗震结构中的纵向受拉钢筋搭接长度。

以上这些数据，与抗震等级、混凝土标号、钢筋强度等级和钢筋直径等有关，可以从《标准》的表中查出。

从图 6-22 中，可以看出，相邻钢筋要错开位置进行搭接。搭接的长度是 L_l。而且，错开位置之间的上下的距离，要大于 $0.3L_l$。

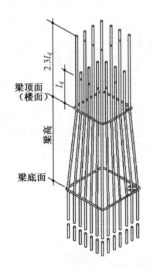

图 6-21　非抗震框架中柱搭接绑扎立体示意图（被遮挡的后部过渡筋未画出）

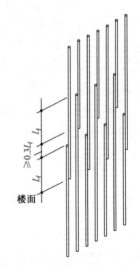

图 6-22　非抗震框架中柱搭接绑扎处局部立体示意图

第七节　非抗震多层中柱变截面处过渡钢筋
（钢筋闪光接触对焊连接方式）

图 6-23 是非抗震中柱变截面处过渡钢筋构造立体示意图。上部标注的尺寸，适用于闪光接触对焊连接。

下图中，大小箍筋的上下和它们的中间，都有箍筋。为了图面清晰起见，均未予画出。同时，在梁底面以上，也是为了图面清晰，大部分弯折形状的过渡筋，也都未予画出。这是应用于非抗震中的钢筋闪光接触对焊连接。请注意，图 6-23 所画立体图，为了前面清晰起见，后半部没有画出来。

图 6-24 所画立体图，是非抗震结构中，闪光接触对焊连接表示的上下楼两层钢筋。而且，是不在同一水平线上焊接，必须错开。

图 6-25 所画立体图，是非抗震结构中，机械连接表示的上下楼两层钢筋。而且，是不在同一水平线上连接，必须错开。

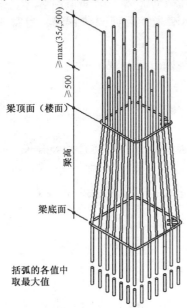

图 6-23　非抗震框架中柱闪光接触对焊连接和机械连接立体示意图

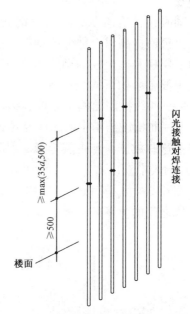

图 6-24　非抗震框架中柱闪光接触对焊连接局部立体示意图

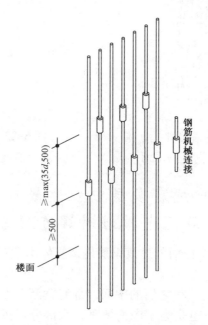

图 6-25　非抗震中柱钢筋机械连接局部立体示意图

第七章 多层边柱变截面处过渡纵向钢筋

第一节 变截面边柱钢筋混凝土模板图及其传统画法

一、钢筋混凝土模板图

图7-1是框架中边柱的局部平面图、局部剖面图和立体示意图。高层框架中的柱子，是变截面的。上部柱子截面小；下部柱子截面大。在绑扎柱子的钢筋之前，必须对于柱子的形状——混凝土模板图，有一定的了解。

二、变截面边柱截面传统画法

图7-2是变截面边柱截面的传统画法——边柱的钢筋混凝土模板图、边柱的配筋截面图和边柱的混凝土模板立体示意图。这里的框架柱，具有三个不同尺寸的截面。在柱子的立面图的上下三个不同地方，画出了Ⅲ—Ⅲ、Ⅱ—Ⅱ和Ⅰ—Ⅰ三个截面。在各截面里，均画出了各自的纵向钢筋和它们的箍筋。

从三个截面中的纵向钢筋布置数量上看，都是一样的。这就说明一个问题，即相邻两个不同截面间，存在一个钢筋过渡的问题。也就是说，看截面图，下一层的钢筋，过渡到上一层相对应的钢筋地方，应该弯曲多大的角度，这就是有待于解读的问题。

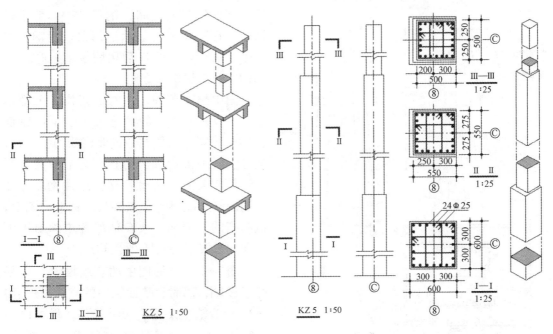

图7-1 高层框架中的变截面边柱的局部平面图和剖面图及其立体示意图

图7-2 高层框架中的变截面边柱传统混凝土结构施工图

图7-3就是表示上下柱截面之间，纵向钢筋过渡及其布置的立面投影。纵向钢筋由下柱过渡到上柱，无论是正面投影或侧面投影，都不能反映出它们的实长。过度钢筋的箍筋，也是随着高度的上升，而逐渐变小。

在图7-3中，梁的轮廓线未画出，只标出了梁的标高部位。具有变截面边柱中的纵向钢筋，由下楼层伸向上楼层的梁高范围内，就是纵向钢筋的过渡段（梁底面到梁板顶面）。最右边的一条铅垂钢筋投影，代表七根纵向钢筋。但是，七根纵向钢筋，并不都是铅垂状态的钢筋。其中仅有一根真正在空间是铅垂状态的钢筋，就是最右侧7条钢筋（7条钢筋在正立面图上的投影积聚为一条线）中，正中间的一条线。参见图7-4侧立面图中的 $m''—13''$。

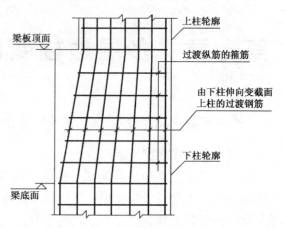

图7-3 纵向钢筋过渡及其布置的立面投影

第二节 边柱变截面处诸多过渡钢筋的实长求法

图7-4是纵向钢筋过渡图。其正立面图（正面投影）和侧立面图（侧面投影），表示的只是钢筋的中心线（钢筋的中心线，代表钢筋长度的投影）。

为了能清楚地说明求过渡钢筋的实长，夸大柱的过渡段（梁底面标高处柱截面到梁顶面标高处柱截面之间）的尺寸差，就可以清晰地在平面图上显示出每根过渡钢筋的水平投影。这就为以后用图解求各过渡钢筋的实长，提供了方便。

图中的上截面，在右部遮住了下部钢筋。所以，又在它的旁边画出了下部钢筋（截面）。最靠右侧的各过渡钢筋的中心线，均位于同一平面内。而且，这个平面又平行于侧投影面。因此，这些过渡钢筋，在它们的侧立面图上反映实长。在平面图上，被遮掩的下截面，又在他的旁边画出了下截面的过渡钢筋的局部平面图。

图7-4正立面图中的直线投影 $j'10'$ 平行于 Z 轴；同时，平面图中的直线投影 $j10$ 平行于 Y 轴。仅凭这两项条件，就可以判定空间直线 JX，是平行于侧投影面，而且，反映空间直线 JX 的实长。

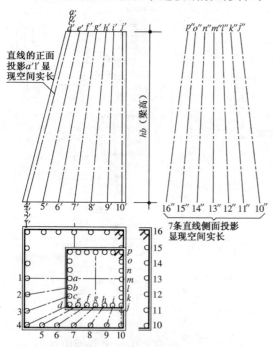

图7-4 纵向钢筋过渡图

图7-4是求空间直线 $I Ⅸ$、$H Ⅷ$、$G Ⅶ$、

$F Ⅵ$、$E Ⅴ$ 和 $D Ⅳ$ 的实长。

直线的空间符号	直线的正面投影符号	直线的水平投影符号	直线的侧面投影符号
$I Ⅸ$	$i\,9'$	$i\,9$	$i\,9''$
$H Ⅷ$	$h\,8'$	$h\,8$	$h\,8''$
$G Ⅶ$	$g\,7'$	$g\,7$	$g\,7''$
$F Ⅵ$	$f\,6'$	$f\,6$	$f\,6''$
$E Ⅴ$	$e\,5'$	$e\,5$	$e\,5''$
$D Ⅳ$	$d\,4'$	$d\,4$	$d\,4''$

再强调一下，这里计算的框架柱，是抗震框架柱。而且，它是边柱，又是绑扎搭接。这里，抗震框架柱和非抗震框架柱之间，是有区别的。图中的"W"，前面在中柱中已经讲过，这里就不再重复了。

钢筋的空间中心线 JX 的正面图（正面投影）$j'10'$ 和平面图（平面投影）$j10$，都是处于铅垂位置，说明它在空间是平行于侧投影面的。请看图 7-5 中，空间直线 JX 平行于侧投影面 W。因此，它在侧投影面上的投影，反映实长。图 7-6 是图 7-5 的展开图。

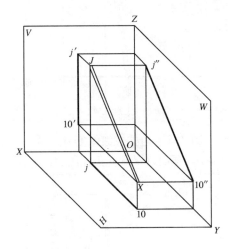

图 7-5　JX 钢筋空间投影示意图

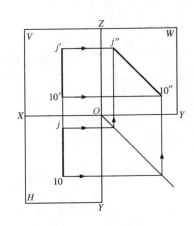

图 7-6　JX 投影展开图

如图 7-6，以 JX 的正面投影 $j'10'$ 为一个直角边，以 JX 的水平投影 $j10$ 为另一个直角边，其斜边便是实长 JX。计算时即

$$JX = \overline{j''10''} = \sqrt{\overline{j'10'}^2 + \overline{j10}^2}。$$

以下求另外六条线的原理，与此相同。

图 7-7 是一图二用。因为过渡钢筋，向上伸出梁顶面标高以后的钢筋段有两种情况，即长筋和短筋。即图中长筋和短筋分别各自规定必须大于指定的数据。长筋和短筋的数量是相等的。

看图 7-7，知道了直角三角形的两个直角边的长度数值，就可以求出另外的两个角度。如果，使用袖珍计算器，以底边值去除对边值，再按一下"$\tan^{-1}$"，所求的角度就显现出来了。

这个角度很有用。钢筋下料计算"差值"时，必须首先要知道钢筋弯折的角度（见建筑工业出版社出版的《平法制图的钢筋下料计算》）。

图中的 W 为：

$W \geq$ 楼层净高/6；

$W \geq$ 柱截面的长边尺寸；

$W \geq 500$。

必须同时满足以上三项。

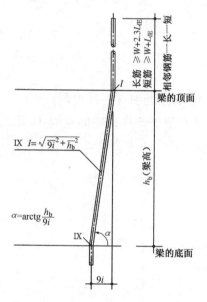

图 7-7　边柱过渡钢筋穿过梁
顶面（$I\!\mathrm{IX}$）实长图解

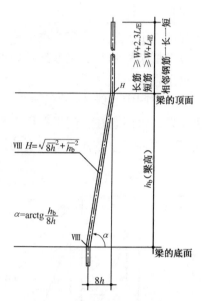

图 7-8　边柱过渡钢筋穿过梁
顶面（$H\mathrm{VIII}$）实长图解

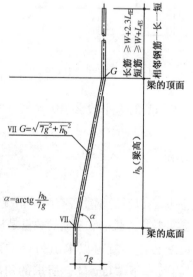

图 7-9　边柱过渡筋穿过
梁顶面（$G\mathrm{VII}$）实长图解

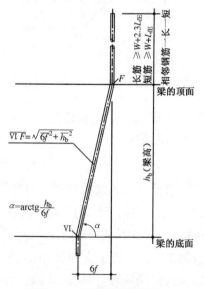

图 7-10　边柱过渡筋穿过
梁顶面（$F\mathrm{VI}$）实长图解

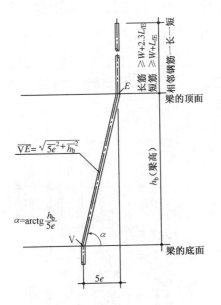

图 7-11 边柱过渡筋穿过梁顶面（EV）实长图解

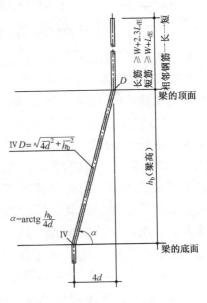

图 7-12 边柱过渡筋穿过梁顶面（$D\text{IV}$）实长图解

图 7-4 中的钢筋中心线实长 $A\text{I}$，没有用图解法求实长。理由是，$A\text{I}$ 在空间平行于正投影面，$A\text{I}$ 在正投影面上的投影 $a'1'$，反映实长。

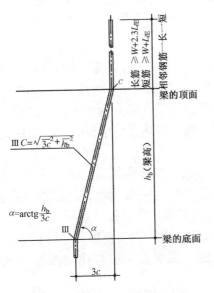

图 7-13 边柱过渡筋穿过梁顶面（$C\text{III}$）实长图解

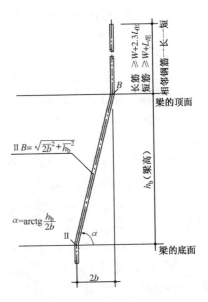

图 7-14 边柱过渡筋穿过梁顶面（$B\text{II}$）实长图解

第三节 抗震边柱变截面处连接上层钢筋,外侧一面钢筋过渡弯曲后伸至上层

抗震框架的变截面边柱,在柱的变截面处的上下柱之间,有三种钢筋的连接方法:第一种是钢筋搭接绑扎连接方法;第二种是钢筋焊接连接方法;第三种是钢筋机械连接方法。

一、抗震框架的变截面边柱钢筋搭接绑扎连接方法

图 7-15 是抗震框架的变截面边柱,其下部的纵向钢筋的顶部处理情况。

当从立面图的角度观看图 7-15 抗震框架边柱的变截面处时,右侧一排钢筋是下柱中的钢筋伸上来的。并且,用过渡弯曲方法伸入了上柱。在图 7-16 中,从上柱伸往下柱的钢筋,在图 7-15 中未予画出。这是为了不影响下柱钢筋表达的清晰性。

图 7-15 中,立面图视向右侧一排钢筋,是一长一短犬牙交错式排列的。其中,短筋高出楼面结构标高(即梁顶标高)为

max($H_n/6$, h_c, 500) + L_{lE},

另外,长筋还要比短筋高出 1.3L_{lE}。

从下柱中伸上来的纵向钢筋,有 3 排钢筋是向柱内侧弯曲 90°的钢筋,一共就有两层。上层是一排弯曲的钢筋。下层是两排相向弯曲的钢筋。

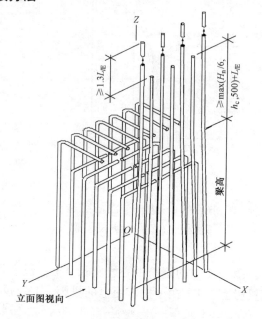

图 7-15 抗震框架边柱钢筋绑扎搭接和三面钢筋弯两层的立体示意图

图 7-16 是按钢筋绑扎连接的方式,绘出的两面视图——正立面图、侧立面图。但是,其中的侧立面图,是 I—I 剖面图(剖视图)。在 I—I 剖面图上,各条钢筋均反映实形。符号"×"表示纵向钢筋弯向纸面;符号符号"●"表示竖向钢筋弯向观者;符号"⊗"则是前两个符号的综合。在变截面柱中的下柱纵向钢筋,当其直角弯折时,以上柱边缘为界限,在下柱内再向下柱内伸入 200mm。

上柱中最右边的纵向钢筋(空间一排 7 根纵向钢筋,投影积聚为一条竖线),是从下柱直接伸向上柱中的。所以,它们的钢筋接头端点有 4 个(一处钢筋接头端点只有两个,这是两处的钢筋接头)。由于这里讲的是抗震柱,所以搭接长度的符号 L_{lE}。

再提请注意,图 7-16 中的正立面图,最左边和最右边的钢筋投影,各自代表 7 根钢筋投影(7 根钢筋投影积聚为一条竖线)。而中间的 5 条竖线,各自代表两根钢筋投影(这里是指前排和后排)。

图 7-17 中所示为抗震框架变截面边柱钢筋焊接和机械连接方法的构造立体示意图。右侧 7 根纵向钢筋,除中间一根笔直伸入上柱外,其余 6 根均有不同程度的过渡弯折,至梁顶标高处又笔直上伸。

图7-17中,立面图视向右侧一排钢筋,是一长一短犬牙交错式排列的。其中,短筋高出楼面结构标高(即梁顶标高)要求为

$$\geqslant \max\ (H_n/6, h_c, 500)$$

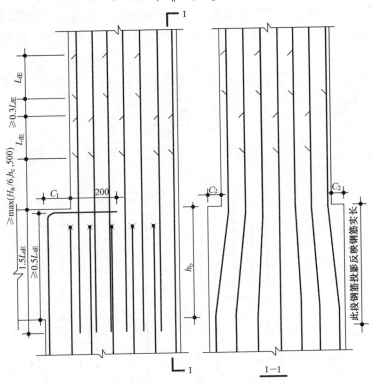

H_n—柱所在楼层净高;h_c—柱的长边尺寸;h_b—梁高

↗—表示有两根竖向钢筋:一根垂直弯向纸面,一根垂直弯向观者;
●—铅垂直筋弯向观者;×—铅垂直筋弯向纸面

图7-16 抗震框架边柱钢筋绑扎搭接,三面钢筋弯两层

另外,长筋还要再比短筋高出

$$\geqslant \max\ (35d, 500)。$$

图中上下部分都有箍筋。为了图面清晰起见,均未予画出。

二、抗震框架中的变截面边柱钢筋焊接连接方法

图7-18是抗震框架的变截面边柱,其下部的纵向钢筋的顶部处理情况。它适用于抗震框架中的纵向钢筋焊接。下柱3排纵向钢筋弯曲的共有两层。

但是,由于图7-16是绑扎搭接式的连接,而图7-18是焊接连接,表示下层柱中纵向钢筋伸向上层楼面结构层的尺

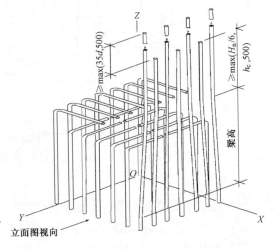

图7-17 抗震框架变截面边柱钢筋焊接和机械连接的构造立体示意图

寸。机械连接和焊接连接的接头要求的预留尺寸是一样的。但是，它们和绑扎搭接的是尺寸不一样的。

图 7-18 是抗震框架中的边柱钢筋传统绘图——正立面图和侧立面图。它们表示的是焊接连接。上柱宽度相对小，下柱宽度相对大，下柱钢筋上伸至近下柱顶部时，三面钢筋弯成两层。立面图上注有"$\geq 0.5L_{aE}$"，是标注在下柱最左侧钢筋处。请注意，它也适用于前排钢筋和后排钢筋。

图 7-18 中注意：$C_1 >$（梁高/6）；$C_2 \leq$（梁高/6）。同时，还要注意满足上、下柱截面为正方形的情况。

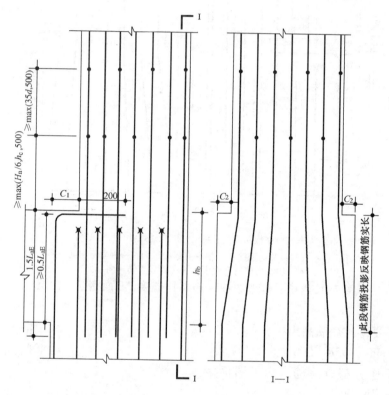

H_n—柱所在楼层净高；h_c—柱的长边尺寸；h_b—梁高

✳—表示有两根竖向钢筋：一根垂直弯向纸面，一根垂直弯向观者；

●—铅垂直筋弯向观者；×—铅垂直筋弯向纸面

图 7-18 抗震框架变截面边柱钢筋焊接连接的传统结构施工图画法

三、抗震框架变截面边柱钢筋机械连接方法

钢筋机械连接方法，是指位于同一铅垂线上的对接两钢筋，通过同时带有左螺旋阴螺纹和右螺旋阴螺纹的"短接头"，相连接到一起的。注意：$C_1 >$（梁高/6）；$C_2 \leq$（梁高/6）。同时，还要注意满足上、下柱截面为正方形的情况。

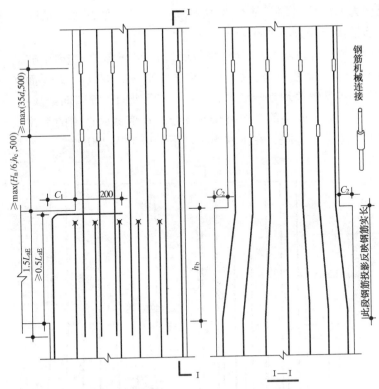

H_n—柱所在楼层净高　h_c—柱的长边尺寸　h_b—梁高
⊤—表示有两根竖向钢筋：一根垂直弯向纸面；一根垂直弯向观者。
●—铅垂直筋弯向观者；×—铅垂直筋弯向纸面

图 7-19　抗震高层框架变截面边柱钢筋机械连接和钢筋弯三层的传统结构施工图画法

第四节　非抗震边柱变截面处三面用预设靴筋连接上层钢筋，外侧一面钢筋弯曲后伸至上层

非抗震高层框架中的变截面边柱的钢筋连接分类，和抗震高层框架中的变截面边柱的钢筋连接分类方法相同，也是有三种钢筋的连接方法：第一种是钢筋搭接绑扎连接方法；第二种是钢筋焊接连接方法；第三种是钢筋机械连接方法。但是，涉及的具体尺寸，是不相同的。

一、非抗震框架中的变截面边柱钢筋搭接连接方法

图 7-20 是非抗震框架的变截面边柱，其下部的纵向钢筋的顶部处理情况。它与抗震框架的变截面边柱的不同之处，在于下部钢筋向上伸出楼板的预留长度不同。

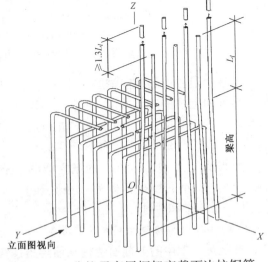

图 7-20　非抗震高层框架变截面边柱钢筋绑扎连接和两层弯筋立体示意图

伸出的短筋长度为 L_l；伸出的长筋长度为 $2.3L_l$。其余钢筋的加工情况，与抗震框架中的变截面边柱钢筋搭接连接方法相同。

图 7-21 是按非抗震高层框架中的变截面边柱钢筋绑扎连接的方式，绘出的两面视图——正立面图、侧立面图。但是，其中的侧立面图，是Ⅰ—Ⅰ剖面图（剖视图）。在Ⅰ—Ⅰ剖面图上，各条钢筋均反映实形；"×"表示纵向钢筋弯向纸面；"●"表示竖向钢筋弯向观者。符号"⊗"则是前两个符号的综合。在变截面柱中的下柱纵向钢筋，当其直角弯折时，以上柱边缘为界限，在下柱内再向下柱内伸入 200mm。

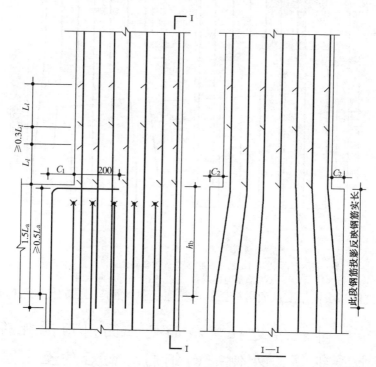

H_n—柱所在楼层净高；h_c—柱的长边尺寸；h_b—梁高
↯—表示有两根竖向钢筋：一根垂直弯向纸面，一根垂直弯向观者；
●—铅垂直筋弯向观者；×—铅垂直筋弯向纸面

图 7-21 非抗震高层框架变截面边柱钢筋绑扎连接传统结构施工图画法

上柱中最右边的纵向钢筋（空间一排 7 根纵向钢筋，投影积聚为一条竖线），是从下柱直接伸向上柱中的。所以，它们的钢筋接头端点有 4 个（一处钢筋接头端点只有两个，这是两处的钢筋接头）。由于这里讲的是非抗震柱，所以搭接长度的符号 L_l。这里的非抗震锚固长度符号是"L_a"，而不是"L_{aE}"。

再提请注意，图 7-16 中的正立面图，最左边和最右边的钢筋投影，各自代表 7 根钢筋投影（7 根钢筋投影积聚为一条竖线）。而中间的 5 条竖线，各自代表两根钢筋投影（这里是指前排和后排）。

注意：$C_1 >$（梁高/6）；$C_2 \leq$（梁高/6）。同时，还要注意满足上、下柱截面为正方形的情况。

二、非抗震框架中的变截面边柱钢筋焊接连接方法

图 7-22 是非抗震框架的变截面边柱，其下部的纵向钢筋的顶部处理情况。它适用于

非抗震框架中的纵向钢筋焊接。下柱3排纵向钢筋弯曲的共有两层：顶层是一排弯折；第二层是相对的两排弯折。

图7-23是非抗震高层框架中的变截面边柱钢筋焊接连接。机械连接和焊接连接的接头要求的预留尺寸是一样的。但是，它们和绑扎搭接的是尺寸不一样。

图7-23是非抗震框架中的边柱钢筋传统绘图——正立面图和侧立面图。它们表示的是焊接连接。上柱宽度相对小，下柱宽度相对大，下柱钢筋上伸至近下柱顶部时，三面钢筋弯成两层。立面图上注有"$\geqslant 0.5L_{aE}$"，是标注在下柱最左侧钢筋处。请注意，它也适用于前排钢筋和后排钢筋。

注意：图7-23中：$C_1 >$（梁高/6）；$C_2 \leqslant$（梁高/6）。同时，还要注意满足上、下柱截面为正方形的情况。

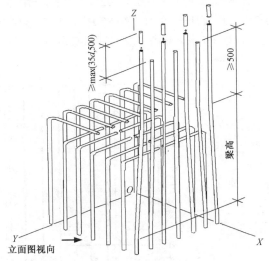

图7-22 非抗震高层框架变截面边柱钢筋焊接和机械连接立体示意图

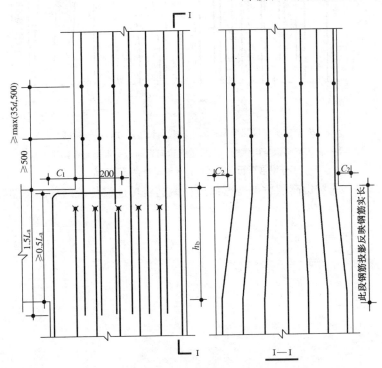

H_n—柱所在楼层净高；h_c—柱截面长边尺寸；h_b—梁高

✶—表示有两根竖向钢筋：一根垂直弯向纸面，一根垂直弯向观者；

●—铅垂直筋弯向观者；×—铅垂直筋弯向纸面

图7-23 非抗震高层框架中的变截面边柱钢筋焊接
传统结构施工图画法

三、非抗震框架中的变截面边柱钢筋机械连接方法

钢筋机械连接方法，是指位于同一铅垂线上的对接二钢筋，通过同时带有左螺旋阴螺纹和右螺旋阴螺纹的"短接头"，相连接到一起的。

注意：$C_1 >$（梁高$/6$）；$C_2 \leqslant$（梁高$/6$）。同时，还要注意满足上、下柱截面为正方形的情况。

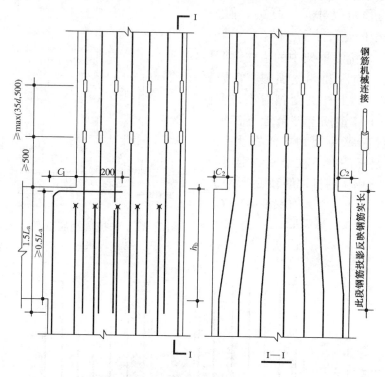

H_n—柱所在楼层净高；h_c—柱截面长边尺寸；h_b—梁高

⊤—表示有两根竖向钢筋：一根垂直弯向纸面，一根垂直弯向观者；

●—铅垂直筋弯向观者；×—铅垂直筋弯向纸面

图 7-24 非抗震高层框架变截面边柱钢筋机械连接传统结构施工图画法

第八章 多层具有变截面的角柱

这一章讲的是多层框架中，具有变截面的角柱。

第一节 变截面角柱的混凝土模板图及传统画法

一、变截面角柱立体图

首先介绍角柱变截面处的局部立体形象图。图 8-1 是变截面的角柱的局部混凝土模板图。

图 8-1 高层框架中的变截面角柱，在楼板以上及其以下的柱子截面，是不一样的。如果把柱子的立体图单独画出来，如图 8-2 所示。它有三个不同的截面。

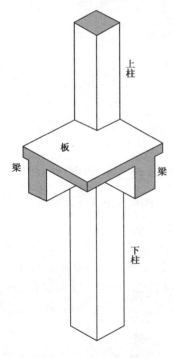

图 8-1 变截面角柱的局部混凝土模板图

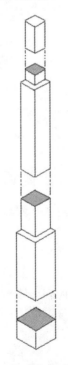

图 8-2 高层框架中的变截面角柱立体示意图

二、变截面角柱传统画法

图 8-3 是高层框架变截面角柱的传统结构施工图画法。沿柱的高度，有三个不同大小的截面。不同大小截面之间的钢筋，是从下段截面，伸向上段截面的。因此，钢筋的直径

等规格假设都没有发生变化。

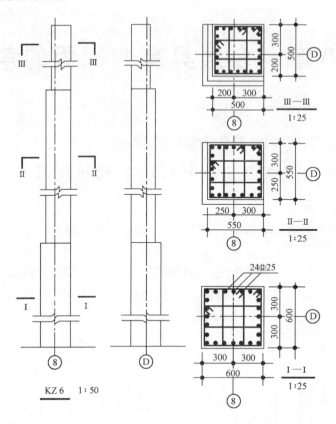

图 8-3 变截面角柱传统结构施工图

第二节 变截面角柱中平行正投影面和侧投影面的钢筋

这里讲的是角柱在变截面处,下柱钢筋伸向上柱时,如何在正投影图中,确认或求出过渡钢筋的实长。

直线在空间,平行于哪个投影面,则该直线在其所平行的投影面上的投影就反映此空间直线的实长(不等于钢筋下料长度尺寸)。在结构施工图中,对具有弯折的钢筋所标注的长度尺寸,不代表该段钢筋的真实长度。请注意,虽然钢筋的中心线表示真实长度,但是,如果这一直段钢筋,同另一直段钢筋成一定角度相连,计算下料时,还得要减去角度差值。

参看图 8-4,这里从钢筋的三面投影来分析钢筋相对于各投影面的位置,借以判别钢筋在空间的位置。

首先,看正面投影中的 $p'16'$ 铅直位置,再侧面投影中的 $p''16''$ 也是铅直位置,便可以认定,它所表达的空间的位置,是铅直位置的钢筋。那么,它的水平投影,必然为它的截面投影——$p16$(p 和 16 在水平投影面中的投影,积聚在一起)。因而,$p'16'$ 和 $p''16''$,同样都表示钢筋的空间实长。

第二种情况,就是平行于正投影面的钢筋。请看图 8-4 中的钢筋的平面投影(即平面图）。局部平面图（画在平面图的上部的）和平面图的上边部，实际上是重合的。只是为了清晰才分开画的。但是，平面图中的钢筋符号，表示钢筋的上端，如 p、q、r、s ……；局部平面图中的钢筋符号，表示钢筋的下端，如 16、17、18、19……钢筋的正面投影 $p'16'$，前面已经讲过，它在空间是铅垂位置钢筋。请注意，图 8-4 中的钢筋的平面投影（即平面图）和局部平面图的真实投影，混凝土柱的轮廓线应该是重合在一起。这样一来，$q\,17$、$r\,18$、$s\,19$、$t\,20$、$u\,21$、$v\,22$ 这些钢筋中心线的水平投影，都是水平线，也就都是平行于一个正投影面的钢筋。从而，这些钢筋的正投影长度，就反映钢筋的空间实长。

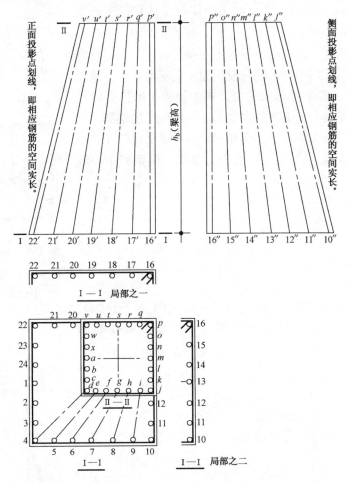

图 8-4　框架角柱的变截面处过渡钢筋中心的平面图、立面图和侧面图

第三种情况，就是平行于侧投影面的钢筋。请看图 8-4 中的钢筋的平面投影（即平面图）和它右侧的局部平面图。平面图上右排钢筋的混凝土柱轮廓，和右侧的局部平面图混凝土柱轮廓，是同一个轮廓。因而，有 $o\,15$、$n\,14$、$m\,13$、$l\,12$、$k\,11$ 和 $j\,12$ 六条钢筋中心线的水平投影，均平行于侧投影面。平行于侧投影面的 6 条钢筋中心线——在侧投影面上的 6 条钢筋中心线投影 $o''15''$、$n''14''$、$m''13''$、$l''12''$、$k''11''$ 和 $j''12''$，都反映钢筋的空间实长。

75

第三节　抗震变截面角柱中不平行于任何投影面的过渡钢筋

前面讲了三种情况。下面讲的是第四种情况。就是不平行于任何一个投影面的钢筋。不平行于任何一个投影面的钢筋的投影特点，是钢筋中心线的投影，不管是正面投影，还是水平投影，都没有水平位置或垂直位置的。因为在平面图上，直线的水平投影，如果是处于水平位置，那么钢筋至少是平行于正投影面。如果在平面图上，直线的水平投影是处于铅垂位置，那么钢筋至少是平行于侧投影面。如图8-5中的钢筋的正投影面 $i'9'$，水平投影 $i9$，均没有水平或铅垂位置，所以，该钢筋不平行于任何投影面，也不垂直于任何投影面。这里称不平行于任何投影面，也不垂直于任何投影面的钢筋，相对于各个投影面来说，叫做处于一般位置的钢筋。从而，可以判断其余五根钢筋，也都是一般位置的钢筋。如 $h8$ 和 $h'8'$、$g7$ 和 $g'7'$、$f6$ 和 $f'6'$、$e5$ 和 $e'5'$、$d4$ 以及 $d'4'$。

如果以平面图上的 p 和 4 的连线为对称线，则钢筋中心线投影：

$c3$ 对称于 $e5$；
$b2$ 对称于 $f6$；
$a1$ 对称于 $g7$；
$x24$ 对称于 $h8$；
$w23$ 对称于 $i9$。

实际上，它们所代表的钢筋也是对称的。由于水平投影对称，而且，它们的正面投影的高度又都相等，所以，对称的钢

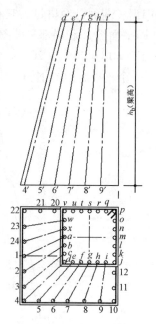

图 8-5　框架角柱的变截面处过渡钢筋中心的平面图和立面图

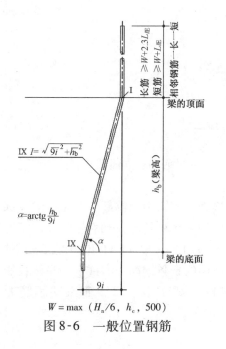

图 8-6　一般位置钢筋

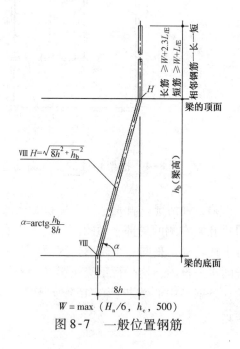

图 8-7　一般位置钢筋

筋空间实长，也是各自对称相等的。也可以用勾股定理来说明。以钢筋的水平投影为一个直角边，以钢筋的正面投影两端高差为另一个直角边，则可求得它们的钢筋空间实长——即斜边。

图 8-6～图 8-11 是具体针对既不垂直，也不平行于任何一个投影面的（一般位置）钢筋，可用下节的图解计算法求出它的空间实长。

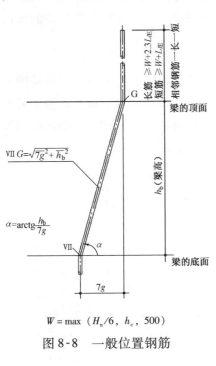

$W = \max(H_n/6, h_c, 500)$

图 8-8 一般位置钢筋

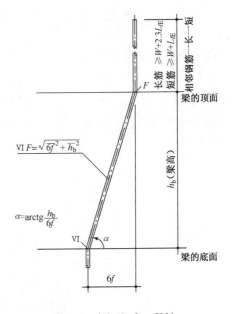

$W = \max(H_n/6, h_c, 500)$

图 8-9 一般位置钢筋

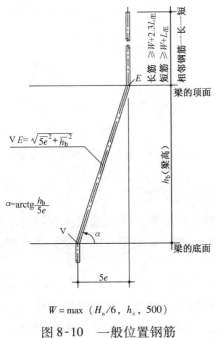

$W = \max(H_n/6, h_c, 500)$

图 8-10 一般位置钢筋

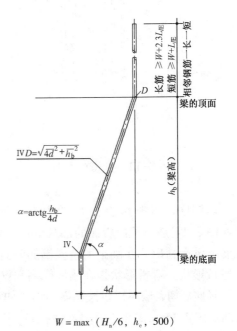

$W = \max(H_n/6, h_c, 500)$

图 8-11 一般位置钢筋

第四节 抗震变截面角柱中搭接钢筋尺寸

图 8-6～图 8-11 是柱在变截面处，弯折过渡钢筋加工尺寸的图解计算方法。

图 8-12 是抗震框架中，具有变截面的角柱，其下部柱中的纵向钢筋，伸至上面的情况。下部柱中的纵向钢筋，伸到上面来，分有两种情况：一种（两排筋）是弯成 90°的水平弯；一种是（两排筋）伸至上柱中（在梁高度范围内），以备与上部柱中的纵向钢筋连接。

图中竖向钢筋上端尺寸，是绑扎搭接尺寸。

平行于 YOZ 平面的纵向钢筋，遮住了平行于 XOZ 平面的纵向钢筋（无法精确表达）。在图 8-12 中，为了使前面部分看得清楚，后面钢筋的下部省略没有画出。为了补救表达后面钢筋的下部情况，特地在图 8-13 中补画出来。这样一来，柱的四个侧面的钢筋情况就都清楚了。

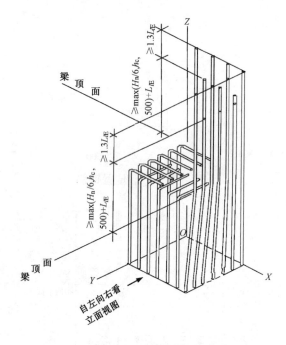

图 8-12 抗震的角柱

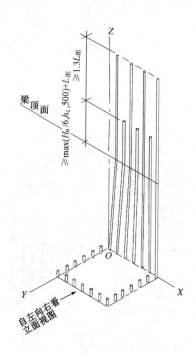

图 8-13 角柱钢筋的下部情况

请注意，图 8-14 与图 8-13 比较，视线转了一个角度！

图 8-14 是为了把后面的部分纵向钢筋，清晰地表现出来，而把遮挡住它们的前面的钢筋，没有画出。在画出的这些钢筋里面，除了中间一根钢筋是笔直的以外，其他钢筋都有弯折形状。弯折形状是在梁底标高和梁顶标高之间。

竖向短筋，表示以过渡钢筋的形式伸至上柱的省略画法。图中"$-X$"，表示 X 轴的负方向。图 8-15 与图 8-12 比较，它是转了一个角度观察的。如此，则可以清楚地表达具有 90°弯折的钢筋的构造情况。90°弯折的钢筋共有两层：一面是弯 6 根；另一面是弯 5 根。

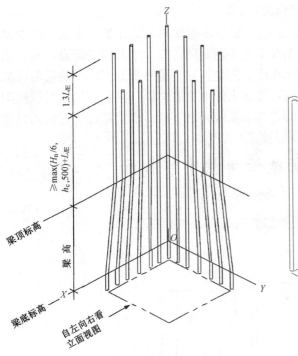
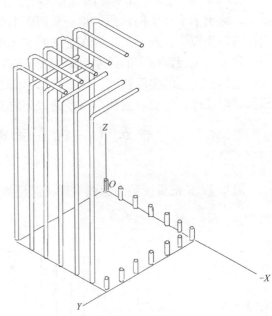

图 8-14 角柱钢筋的下部情况
（图 8-13 的后面纵向筋）

图 8-15 抗震角柱
（图 8-12 转 180°）

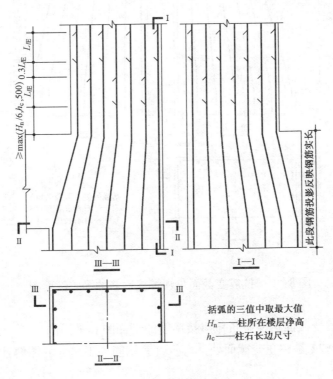

括弧的三值中取最大值
H_n——柱所在楼层净高
h_c——柱石长边尺寸

图 8-16 角柱的传统结构施工图

图8-16是传统的钢筋混凝土结构图的画法。

在图8-16的Ⅱ—Ⅱ平面图的基础上,画出了Ⅲ—Ⅲ剖面图。又在Ⅲ—Ⅲ剖面图的基础上,画出了Ⅰ—Ⅰ剖面图。Ⅲ—Ⅲ剖面图和Ⅰ—Ⅰ剖面图,有一个共同的特点。这就是它们的钢筋投影,都反映它们在空间的实际长度。但是,除了Ⅲ—Ⅲ剖面图中的最右边的一根和Ⅰ—Ⅰ剖面图中的最左边的一根可以直接拿来做钢筋下料外,其余钢筋投影虽然都反映它们在空间的实际长度,但是,却不能直接拿来做钢筋下料。也就是说,它们的钢筋三段投影长度,还要减去两个角度的"下料差值"。

第五节 抗震变截面角柱中焊接和机械对接钢筋

图8-17是抗震变截面角柱中焊接对接钢筋的剖面图和平面图。

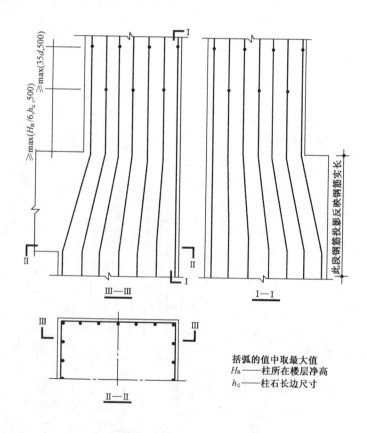

括弧的值中取最大值
H_n——柱所在楼层净高
h_c——柱石长边尺寸

图8-17 抗震变截面角柱焊接钢筋的平、剖面图

图8-18是抗震变截面角柱中机械对接钢筋的剖面图和平面图。
图8-19~图8-24是柱在变截面处,弯折过渡钢筋加工尺寸的图解计算方法。

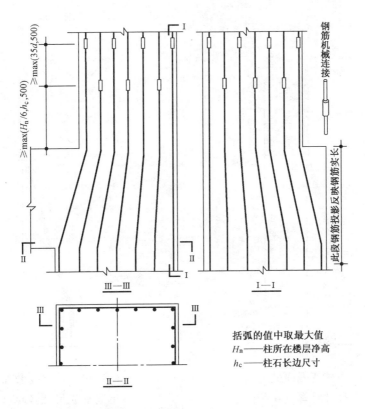

图 8-18 抗震变截面角柱机械对接钢筋平、剖面图

图 8-19 角柱变截面处弯折过渡
钢筋加工尺寸计算（ⅠⅨ）

图 8-20 角柱变截面处过渡钢筋
加工尺寸计算（HⅧ）

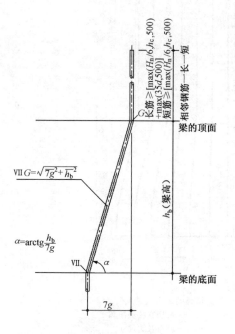

图 8-21 角柱变截面处过渡
钢筋加工尺寸计算（G Ⅶ）

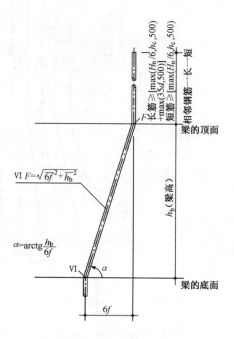

图 8-22 角柱变截面处过渡
钢筋加工尺寸计算（F Ⅵ）

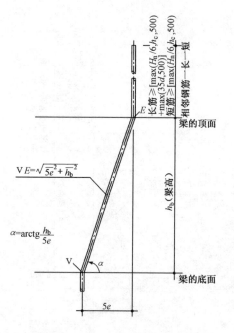

图 8-23 角柱变截面处过渡
钢筋加工尺寸计算（E Ⅴ）

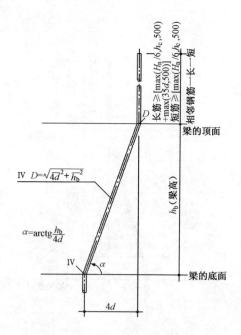

图 8-24 角柱变截面处过渡
钢筋加工尺寸计算（D Ⅳ）

第六节 非抗震变截面角柱中搭接钢筋尺寸

非抗震变截面角柱中，不平行于任何一个投影面的过渡钢筋的实长求法，仍以图 8-5 为依据，进行图解计算。图解计算非抗震与抗震变截面角柱比较，只是上端的长度不同。

图 8-25～图 8-30 是柱在变截面处，弯折过渡钢筋加工尺寸的图解计算方法。

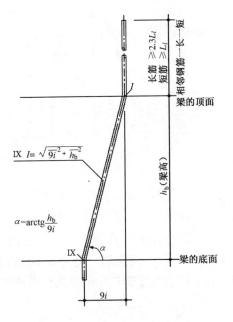

图 8-25 角柱变截面处过渡
钢筋加工尺寸计算（DⅣ）

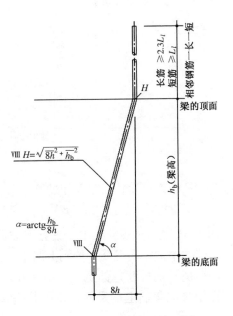

图 8-26 角柱变截面处过渡
钢筋加工尺寸计算（HⅧ）

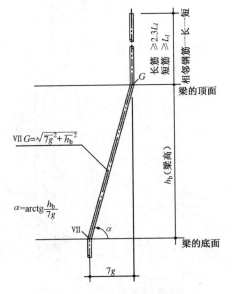

图 8-27 角柱变截面处过渡
钢筋加工尺寸计算（GⅦ）

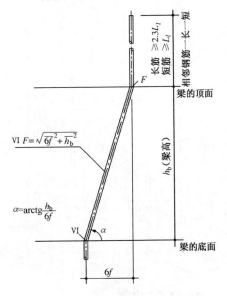

图 8-28 角柱变截面处过渡
钢筋加工尺寸计算（FⅥ）

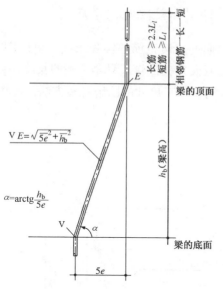

图 8-29 角柱变截面处过渡
钢筋加工尺寸计算（EV）

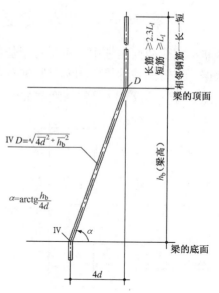

图 8-30 角柱变截面处过渡
钢筋加工尺寸计算（DⅣ）

图 8-31 是非抗震框架中，具有变截面的角柱，其下部柱中的纵向钢筋，伸至上面的情况。下部柱中的纵向钢筋，伸到上面来，分有两种情况：一种（两排筋）是弯成 90°的水平弯；一种是（两排筋）伸至上柱中（在梁高度范围内），以备与上部柱中的纵向钢筋连接。

图中竖向钢筋上端尺寸，是绑扎搭接尺寸。

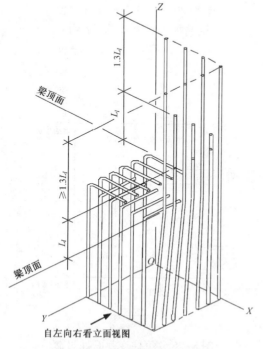

图 8-31 非抗震框架变截面
角柱纵向钢筋伸至上面情况

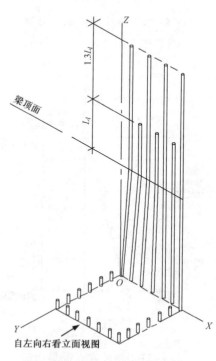

图 8-32 XOZ 坐标面内伸
至上面的纵向筋

因为在图 8-31 中，位于 XOZ 坐标面内的钢筋下部，并没有画出来（如果画出来，就会影响前面钢筋的清晰度）。为了把位于 XOZ 坐标面内的钢筋，全部表达清楚，特地画出图 8-32。

请注意，图 8-33 与图 8-31 比较，视线转了一个角度！

图 8-33 是为了把后面的部分纵向钢筋，清晰地表现出来，而把遮挡住它们的前面的钢筋，没有画出。在画出的这些钢筋里面，除了中间一根钢筋是笔直的以外，其他钢筋都有弯折形状。弯折形状是在梁底标高和梁顶标高之间。

图 8-34 是传统的钢筋混凝土结构图画法。

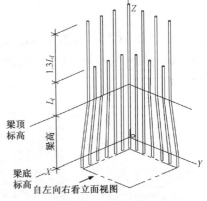

图 8-33 沿 X 轴视向变截面角柱纵向筋伸至上面情况

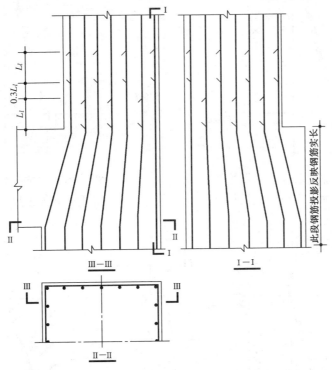

图 8-34 非抗震变截面角柱中搭接钢筋传统工程图

在图 8-34 的 Ⅱ—Ⅱ 平面图的基础上，画出了 Ⅲ—Ⅲ 剖面图。又在 Ⅲ—Ⅲ 剖面图的基础上，画出了 Ⅰ—Ⅰ 剖面图。事实上，Ⅱ—Ⅱ 平面图也是在 Ⅲ—Ⅲ 剖面图中，水平剖切获得的。Ⅲ—Ⅲ 剖面图和 Ⅰ—Ⅰ 剖面图，有一个共同的特点。这就是它们的钢筋投影，都反映它们在空间的实际长度。但是，除了 Ⅲ—Ⅲ 剖面图中的最右边的一根和 Ⅰ—Ⅰ 剖面图中的最左边的一根可以直接拿来做钢筋下料外，其余钢筋投影虽然都反映它们在空间的实际长度，但是，却不能直接拿来做钢筋下料。也就是说，它们的钢筋三段投影长度，还要减去两个角度的"下料差值"。

第七节 非抗震变截面角柱中对接（焊接、机械）钢筋尺寸

从图 8-35 起，到图 8-40，是非抗震变截面角柱中，过渡钢筋加工尺寸（并非该钢筋的下料的尺寸）。请注意，它与抗震变截面角柱中，过渡钢筋加工尺寸不同之处，仅在这些图的上部。

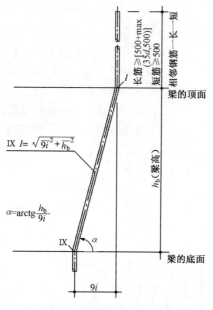

图 8-35 非抗震变截面角柱
过渡钢筋加工尺寸（I Ⅸ）

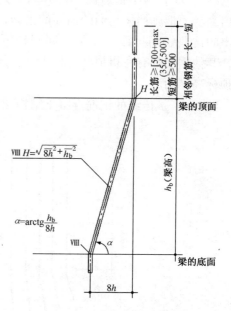

图 8-36 非抗震变截面角柱
过渡钢筋加工尺寸（H Ⅷ）

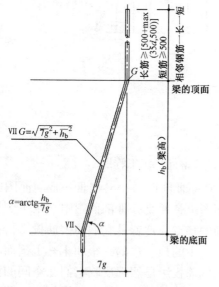

图 8-37 非抗震变截面角柱
过渡钢筋加工尺寸（G Ⅶ）

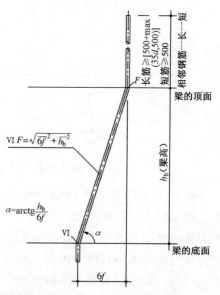

图 8-38 非抗震变截面角柱
过渡钢筋加工尺寸（F Ⅵ）

图 8-41 是非抗震变截面角柱。用的连接方法是焊接。

在图 8-41 中的Ⅲ—Ⅲ剖视图，主要是为了显现后排过渡钢筋的长度。在图 8-41 中的Ⅰ—Ⅰ剖视图，主要是为了显现右排过渡钢筋的长度。

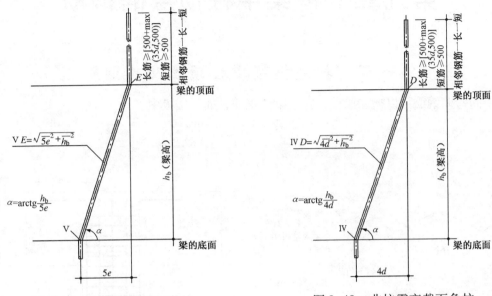

图 8-39 非抗震变截面角柱
　　　 过渡钢筋加工尺寸（E Ⅴ）

图 8-40 非抗震变截面角柱
　　　 过渡钢筋加工尺寸（D Ⅳ）

图 8-42 是非抗震变截面角柱。它的连接方法用的是机械连接。

在图 8-42 中的Ⅲ—Ⅲ剖视图，主要是为了显现后排过渡钢筋的长度；Ⅰ—Ⅰ剖视图，主要是为了显现右排过渡钢筋的长度。

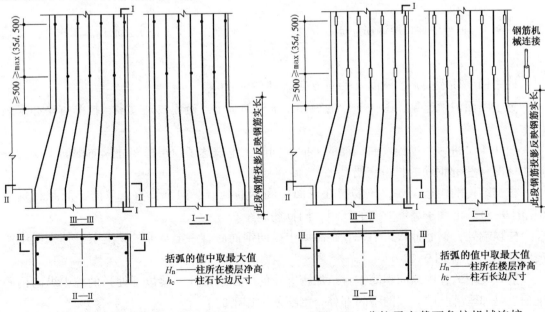

图 8-41 非抗震变截面角柱焊接
　　　 钢筋传统工程图

图 8-42 非抗震变截面角柱机械连接
　　　 钢筋传统工程图

第九章 框架中柱顶层的钢筋

第一节 抗震框架中柱顶端及其钢筋

中间弯曲钢筋可以插入梁中，宽于梁的钢筋，插入楼板中。

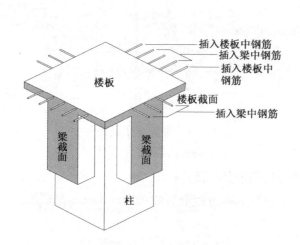

图 9-1 框架中柱顶层钢筋立体示意

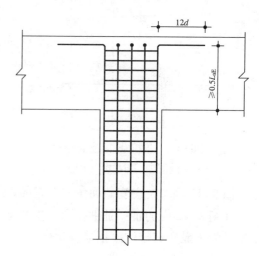

图 9-2 柱中钢筋插入梁中

柱中钢筋插入梁中的深度（铅直方向），应 $\geqslant 0.5 L_{aE}$。

为了图面清晰起见，图 9-3 中的箍筋，未全部画出。避免线条过多，拉筋省略亦未画出。

图 9-4 又进一步描绘弯曲钢筋的去向。同时，也表达了顶层框架柱纵向钢筋下端待连接的情况（相邻钢筋的长短交错）。

根据结构的构造需要，拉筋拉在对面中间钢筋处。双向都要有，双向拉筋互相垂直（见图 9-5）。沿柱子高度方向的间距，同箍筋间距。

柱顶端处，钢筋伸入梁中，在距离梁中纵向钢筋尚有一定空隙的情况下，伸入梁中的尺寸应 $\geqslant L_{aE}$，见图 9-2。

插入梁中的柱中纵向钢筋钢箍是加密绑扎的。贴近梁处（梁以下处）的柱中纵向钢筋钢箍也是加密绑扎的。柱的中间部分，钢箍是不加密的。

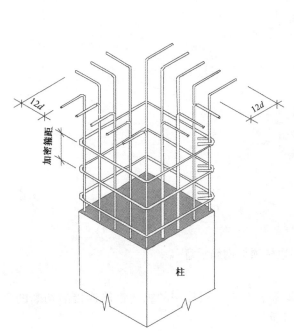
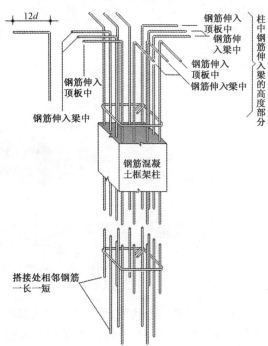

图9-3 中柱纵向钢筋伸入顶层
及部分箍筋示意

图9-4 中柱上端钢筋弯曲方向
及下端待连接钢筋

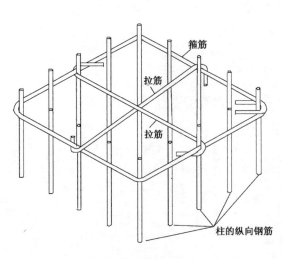
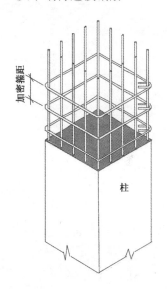

图9-5 拉筋的位置

图9-6 箍筋加密

第二节 抗震框架边柱顶端及其钢筋

图9-7是框架的边部柱子顶部钢筋。顶部钢筋是弯在楼板和梁的里面。图的左后方，是柱的外部。所以，顶部的钢筋没有向室外弯的。所有钢筋，能伸进梁里的，就能伸进梁；不能伸进梁里的，就能伸进楼板里。

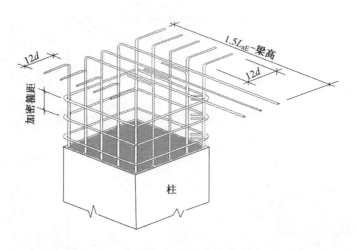

图 9-7 抗震框架边柱顶部钢筋示意

图 9-8 又进一步说明顶层边柱中的纵向钢筋,与下一层柱中的纵向钢筋连接前切断的要求——相邻钢筋一长一短,犬牙交错式的切断。

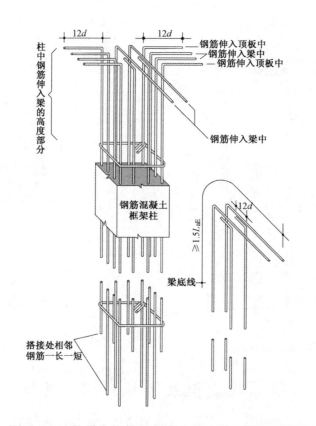

图 9-8 边柱纵向钢筋顶部弯曲方向及下部切断要求

第三节 抗震框架角柱顶端及其钢筋

角柱又和边柱不一样。角柱的侧面，有两面是外侧。因此，靠外侧的纵向钢筋，就不能向外侧弯去。因此，这两外侧纵向钢筋只能向里侧楼板或梁中弯去。参看图9-9。

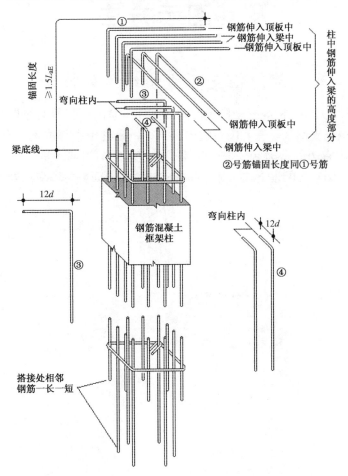

图9-9 抗震框架角柱顶层纵向钢筋弯曲及下部切断

非抗震框架柱的顶层钢筋构造，和抗震框架柱的顶层钢筋构造基本相似。但是，请注意，它们的锚固长度不同：抗震框架柱中的锚固长度，是采用 L_{aE}；而非抗震框架柱中的锚固长度，是采用 L_a。

第十章 框支梁和框支柱的规格标注及其图示方法

第一节 框支剪力墙结构的概念

图 10-1 是框支剪力墙结构混凝土模板的局部立体示意图。图的上部是剪力墙。剪力墙和楼板的荷载,是由框支梁来承受。图右边的框支梁,是处于中部位置。图左边的框支梁,是处于角部位置。图右边的剪力墙,是中间墙;图左边的剪力墙,是边墙。图左边的框支柱,是角部框支柱;图右边的框支柱,是中部框支柱。在两面剪力墙交汇处下面,有边部框支梁和边部框支柱。

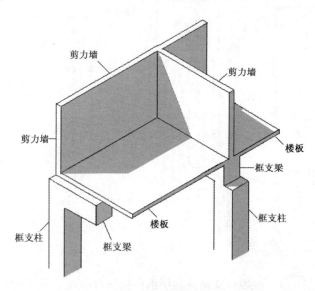

图 10-1 框支剪力墙结构混凝土模板
局部立体示意图

第二节 框支梁平面图的平法制图习惯标注方法

图 10-2 表示的是用平法制图习惯标注方法,绘制的框支梁平面图。首先解读它的集中标注:KZL1 是编号为"1"的框支梁,而且"(3)"表示是三跨梁。第二行"600×900",是宽度为 600mm,高度为 900mm 的框支梁截面尺寸。第三行说的是箍筋,采用直径为 10mm 的 HPB235(即过去的I级钢)钢筋,加密区的箍筋间距为 100mm,非加密区的箍筋间距为 200mm,而且,所有箍筋均为 4 肢。第四行标注的是框支梁中的通长筋,";"前的"4⌀32"是框支梁上部的通长筋配筋,";"后面的"2⌀32/4⌀32"是框支梁下部的通长筋配筋,"/"前的"2⌀32"是框支梁中下部的上排通长筋;"/"后的"4⌀32"是框支梁中下部的

下排通长筋。第五行的是框支梁中的侧面纵向筋8根，每侧4根。梁支座处的标注钢筋数量及其规格，属于原位标注。这两处钢筋都是负筋，是配置在框支梁的上部。8根钢筋，其中6根配置在框支梁上部的上排；2根配置在框支梁上部的下排。如果集中标注与原位标注不一致时，按原位标注施工。

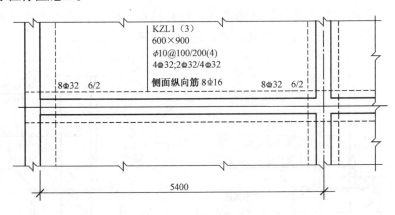

图 10-2 平法标注的框支梁平面图

第三节 框支梁的传统制图钢筋图画法

图 10-3 和图 10-4 是图 10-2 的传统制图的钢筋图画法。

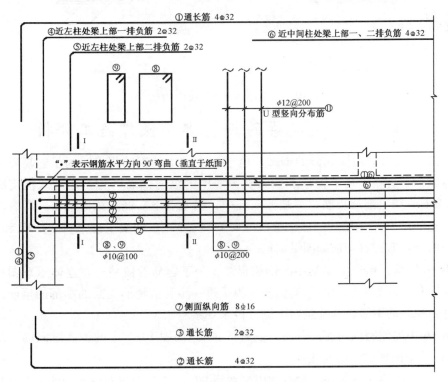

图 10-3 框支梁的钢筋图传统画法

93

图10-3跨中的三条竖线，代表框支梁承载的剪力墙竖向分布筋——也就是剪力墙竖向分布筋的靴（埋在框支梁中的）。靠近支座处的箍筋间距，是加密的。每一条竖线代表两个箍：一个主箍（大箍）；一个局部箍（小箍）。位于跨中的箍筋，是不加密的。每一条竖线代表两个箍，意义同前。

图10-4中的剪力墙两面分布钢筋之间，也有拉筋，但是，此处省略未画。但是，梁两侧的侧面纵向筋，画出来了。而且，它们的拉筋也表示出来了。

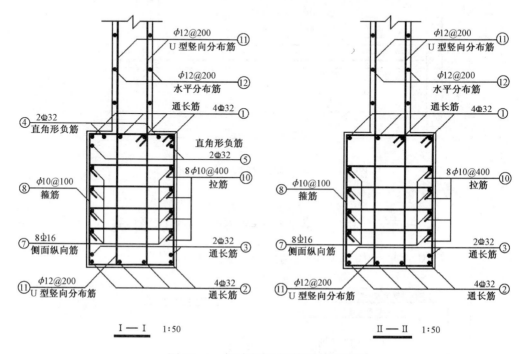

图10-4 框支梁的钢筋图传统画法

第四节 框支梁的钢筋绑扎操作施工分析

参看图10-5，这是框支梁的端部。由于框支梁中的钢筋很多，为了容易看清楚，在立体示意图中，省略了局部箍筋和插入剪力墙中的纵向钢筋（相当于埋入框支梁中的靴筋）。图中有4根上部通长筋，尽端伸入柱中，铅垂弯下。框支梁的端部，尚有两根直角形负筋。正如图10-2中的集中标注的"2Φ32/4Φ32"。即梁下部上排2Φ32和下排4Φ32。梁的两侧各布置有4根侧面纵向筋。

图10-6同样，由于框支梁中的钢筋很多，为了容易看清楚，在立体示意图中，省略了局部箍筋和插入剪力墙中的纵向钢筋。为了进一步看清楚框支梁的端部的钢筋，假想锯掉部分遮挡视线的钢筋，移开至右下侧，再来观察。

图10-6中的侧面纵向筋，各向内侧弯折90°。而图10-7中的侧面纵向筋，却没有弯折90°。这其中的理由，后面还要讲。

图10-8中的侧面纵向筋，没有向内侧弯折90°。是源于侧面纵向筋伸入框支柱中的空间充裕。也就是说，离开框支柱中纵向钢筋和一定空隙（＞纵向钢筋直径，且＞30mm）

以后，尚且≥L_{aE}（L_{aE}——抗震结构中的锚固长度）。图10-8中侧面纵向筋之间，画有拉筋。这是为了浇灌混凝土时，防止侧面纵向筋产生位移。拉筋绑扎方法，是邻行错开的梅花式——犬牙交错式。

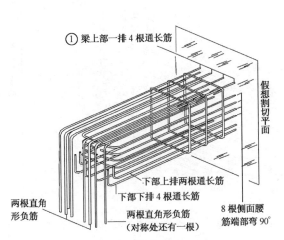

图10-5 框支梁端部钢筋绑扎立体示意图

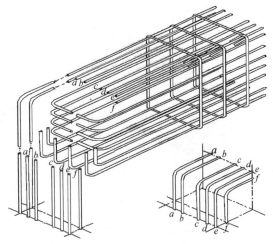

图10-6 框支梁端部钢筋绑扎立体示意图

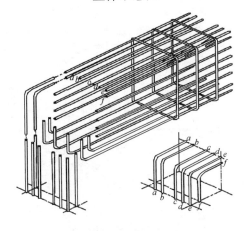

图10-7 框支梁伸入柱中的轴测投影示意图

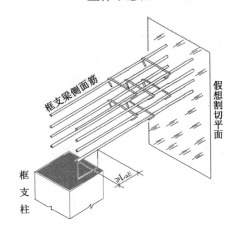

图10-8 轴测投影示意图

如前所述，离开框支柱中外侧纵向钢筋到一定空隙以后，框支柱剩下的柱宽<L_{aE}时，侧面纵向筋则需要向中间弯曲90°。

图10-9表示框支梁钢筋中的腰筋轴测投影示意图。

图10-10表示框支梁中预设剪力墙纵向钢筋的靴筋立体示意图。图中各条钢筋写有注释。局部箍筋省略未画。

图10-11是框支梁尽端上部钢筋（上部通长筋和端部直角形负筋）局部立体示意图。其他钢筋和局部箍筋均未画出。后面上部两排直角形负筋，被遮蔽未显露出来。但是，可以通过前方的对称钢筋想象得出来。

图10-12是框支梁尽端下部钢筋的局部立体示意图。图中6根钢筋，都是下部通长筋。

这6根钢筋中有两根是下部上排钢筋；有4根是下部下排钢筋。此处，局部箍筋省略未画。

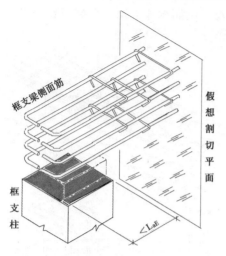

图10-9　框支梁钢筋中的腰筋
　　　　轴测投影示意图

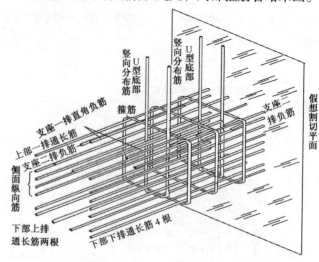

图10-10　框支梁预设剪力墙纵向筋的靴筋
　　　　　立体示意图

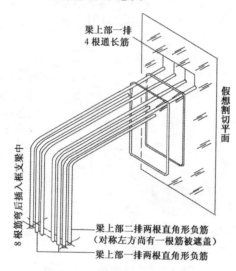

图10-11　框支梁尽端上部钢筋
　　　　　局部立体示意图

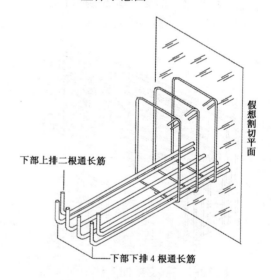

图10-12　框支梁尽端下部
　　　　　钢筋局部立体示意图

第五节　框支柱的钢筋图

根据框支柱所处的位置，分为中间部位的框支柱、紧贴外墙部位的框支柱和墙角部位的框支柱。限于篇幅，这里只解读前两种框支柱中的钢筋。

图10-13是紧贴外墙部位的框支柱钢筋结构施工图。其中，立面图是传统的习惯画法。Ⅰ—Ⅰ截面图中的带有引出线的"标注"，属于平法制图中的习惯标注方法。其中第一行是框支柱编号的序号1；第二行是框支柱的截面尺寸；第三行是框支柱的纵向钢筋数量、钢筋强度等级和直径大小；第四行是箍筋直径及间距。

在框支柱的钢筋立面图上，框支梁和楼板中钢筋均省略未画。在框支柱的钢筋立面图上，靠左边的 8 根钢筋，向上伸入剪力墙，待与剪力墙中的竖向分布筋连接。10 根钢筋分别弯入 3 个不同方向的板中。剩下的两根也向上伸入剪力墙中。

图 10-13 中，还可以看得见框支柱中，既有主箍筋，还有纵横两个方向的局部箍筋。

图 10-14 中的图示 Ⅱ—Ⅱ 截面图，补充了前面的叙述。从图中可以看出，哪几根弯曲伸入楼板中，哪几根上伸至剪力墙中。

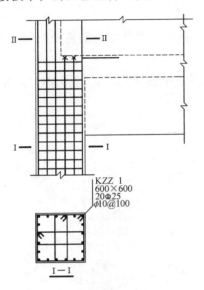

图 10-13 紧贴外墙部位的框支柱钢筋结构施工图

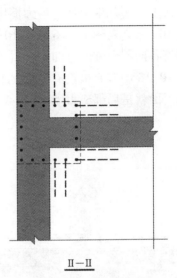

图 10-14 紧贴外墙框支柱 Ⅱ—Ⅱ 截面图

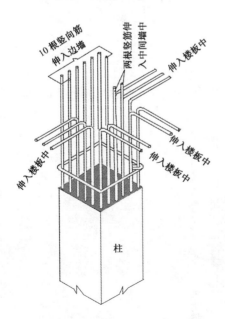

图 10-15 紧贴外墙框支柱轴测投影示意图

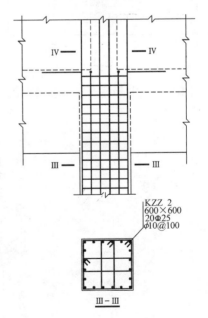

图 10-16 中部框支柱的钢筋立面图及截面图

97

图10-15是对图10-13和图10-14的形象描述。其中，哪几根钢筋直升至剪力墙，哪几根钢筋各向哪个方向弯曲，就一目了然了。

图10-16是中部框支柱的钢筋立面图和它的截面图。截面图中的纵向钢筋的数量和规格，从"Ⅲ—Ⅲ"截面图中的"标注"得知，与边部框支柱的钢筋相同，只是框支柱的编号不同。

图10-17中的图示Ⅳ—Ⅳ截面图，补充了前面的叙述。从图中可以看出，哪几根弯曲伸入楼板中，哪几根上伸至剪力墙中。

图10-18是对图10-16和图10-17的形象描述。其中，哪几根钢筋直升至剪力墙，哪几根钢筋各向哪个方向弯曲，一目了然。

图10-18中有8根没有弯曲的直筋。把这8根直筋单独拿出来，如图10-19所示，8根直筋下面就是局部剪力墙。

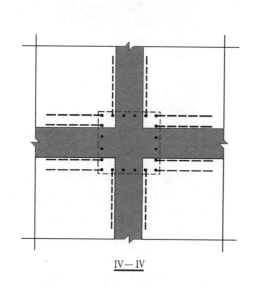
图10-17 中部框支柱钢筋截面图

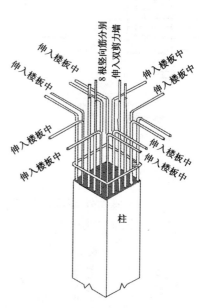
图10-18 中部框支柱钢筋轴测投影图

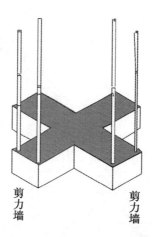
图10-19 框支柱钢筋与剪力墙的关系

第十一章 剪 力 墙

第一节 剪力墙的构造概念和剪力墙符号

在高层钢筋混凝土建筑中，有框架结构和剪力墙结构。涉及剪力墙的结构中，又可以再细分为：剪力墙结构、框架——剪力墙结构、部分框支剪力墙结构和筒体结构。本章只讲剪力墙结构。

剪力墙的厚度与抗震等级有关。剪力墙的底层，更与剪力墙的总高度有关。

剪力墙属于钢筋混凝土结构中的一种。

剪力墙中的钢筋，分为水平分布钢筋、竖向分布钢筋、锚固钢筋和拉筋等。

图 11-2 是图 11-1 的轴测投影示意图。

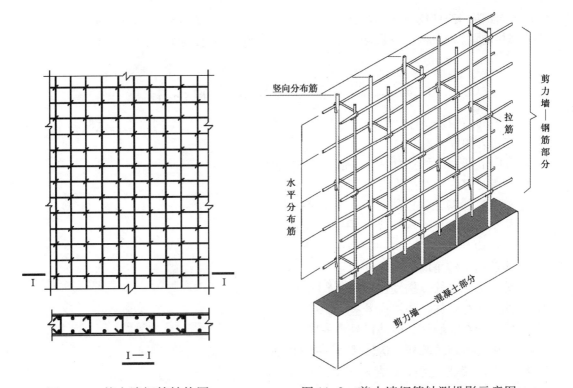

图 11-1 剪力墙钢筋结构图　　　　图 11-2 剪力墙钢筋轴测投影示意图

图 11-3 是墙端无暗柱时水平分布筋的端部搭接锚固立面和水平投影图。

图 11-4 是墙端无暗柱时水平分布筋的端部搭接锚固轴测投影示意图。

99

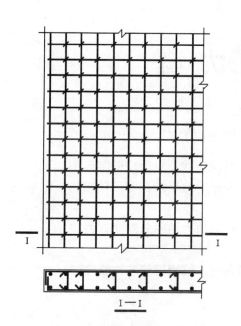

图 11-3 墙端无暗柱时水平分布筋的端部搭接锚固立面图和水平投影图

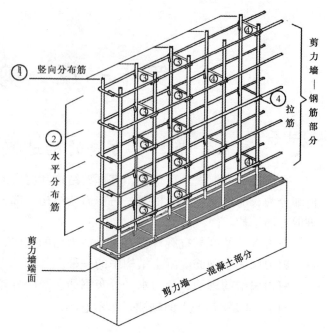

图 11-4 墙端无暗柱水平分布筋的端部搭接锚固轴测投影示意图

第二节 剪力墙体系中的构件

剪力墙的结构是整体浇灌的，但是，依其各个部位的功用不同，也把这些各个不同的部位，称之为构件。

剪力墙依其部位和受力要求，也分成各种构件。

剪力墙的构件元素及其代号，介绍几种如下：

1. 构造边缘暗柱，构件代号——GAZ；
2. 构造边缘端柱，构件代号——GDZ；
3. 构造边缘翼墙柱，构件代号——GYZ；
4. 构造边缘转角墙柱，构件代号——GJZ；
5. 约束边缘暗柱，构件代号——YAZ；
6. 约束边缘端柱，构件代号——YDZ；
7. 约束边缘翼墙柱，构件代号——YYZ；
8. 约束边缘转角墙柱，构件代号——YJZ；
9. 非边缘端柱，构件代号——DZ；
10. 扶壁柱，构件代号——FBZ；
11. 剪力墙，构件代号——Q；
12. 连梁，构件代号——LL；
13. 暗梁，构件代号——AL；
14. 其他构件等。

图11-5是剪力墙结构施工图。剪力墙结构施工图中的墙线条，视需要，可以绘制成单粗线条；也可以绘制成双线条的。

图11-5剪力墙结构施工图中，所标注的构件代号均为"构造"构件（此处所说"构造"是相对于"约束"而言）。这里标注的构件代号计有：GJZ1——构造边缘转角墙柱；GDZ1、GDZ2——构造边缘端柱；GYZ1、GYZ2——构造边缘翼墙柱；GDZ2、GAZ1——构造边缘暗柱；GYZ2、GJZ2构造边缘转角墙柱；FBZ——扶壁柱；Q1——1号剪力墙；Q2——2号剪力墙；Q3——3号剪力墙。

在图11-5中，对于剪力墙中的各个构件，只是标注了各自的代号及其序号。这样的标注，可以配合绘制相应的表格，列出施工材料、尺寸和规格等内容。参看表11-1。

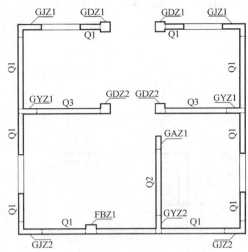

图11-5 剪力墙结构施工图

如果剪力墙的图形比较大，也可以在墙的旁边进行原位标注，如图11-6所示。如果，另外还有相同代号及其序号的剪力墙时，就只标注代号及其序号就可以了。

剪力墙身表　　　　　　　　　　　　　　　表11-1

编号	标高（m）	墙厚	水平分布筋	竖向分布筋	拉筋	备注
Q1（两排）	-0.110~12.260	300	φ12@250	φ12@250	φ6@500	约束边缘构件范围
Q2（两排）	12.260~49.860	250	φ10@250	φ10@250	φ6@500	

当平面图的比例画得很小，墙就画成了粗的单线条，这样的情况经常有，如图11-7。

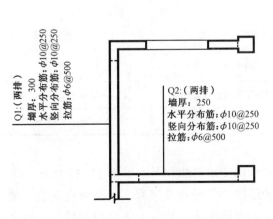

图11-6 剪力墙原位标注

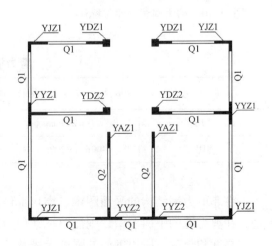

图11-7 小比例剪力墙单线平面图

在剪力墙中构筑的洞口，有"圆形洞口"和"矩形洞口"之分。"圆形洞口"的代号为"YD"；"矩形洞口"的代号为"JD"。参看图 11-8，是序号为"2"的矩形洞口。

图 11-9 和图 11-10，都是洞口的原位标注方法。

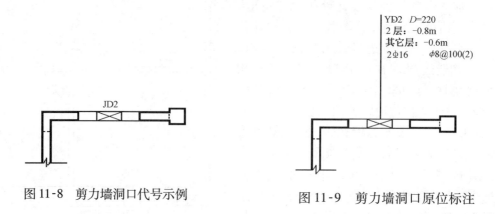

图 11-8　剪力墙洞口代号示例　　　　　图 11-9　剪力墙洞口原位标注

图 11-11 较小比例的图（图为矩形里添交叉线）中，只标注代号及其序号，这时，则可辅以表格形式，来说明它的内容要求。参看表 11-2。

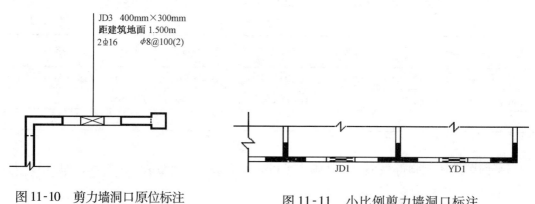

图 11-10　剪力墙洞口原位标注　　　　　图 11-11　小比例剪力墙洞口标注

剪力墙洞口表　　　　　　　　　　　表 11-2

编　号	洞口　宽×高（mm）	洞底标高（m）	层　数
YD1	$D=200$mm	距建筑地面 1.800m	一层至十二层
JD1	400mm×300mm	距建筑地面 1.500m	二层至十一层

在非剪力墙结构的平面图中，窗户部位通常是标注窗户的代号，如图 11-12 所示。但是，在剪力墙的平面图中，则需要标注剪力墙的墙梁的代号及其序号，以及所在层数、墙梁的高度和长度、所用钢筋的强度等级及其直径和箍筋间距肢数，上下纵筋的数量、钢筋强度等级及其直径。

图 11-13 较小比例的图中，只标注代号及其序号，这时，则可辅以表格形式，来说明它的内容要求。参看连梁表 11-13。

图 11-12　剪力墙窗洞标注

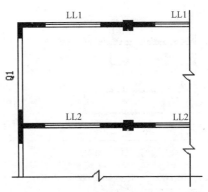

图 11-13　小比例剪力墙与连续梁连接标注

连 梁 表　　　　　　　　　　　　　　表 11-3

编　号	梁截面（$b \times h$）	上部纵筋	下部纵筋	箍　　筋	备　　注
LL1	200×1260	3ϕ16	3ϕ16	ϕ10@100（2）	
LL2	200×1260	3ϕ12	3ϕ12	ϕ10@100（2）	

第三节　构造边缘构件

剪力墙构造边缘构件见表 11-4。

剪力墙构造边缘构件表　　　　　　　　　表 11-4

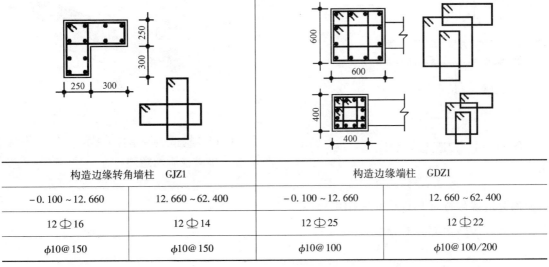

构造边缘转角墙柱　GJZ1		构造边缘端柱　GDZ1	
-0.100～12.660	12.660～62.400	-0.100～12.660	12.660～62.400
12$\oplus$16	12$\oplus$14	12$\oplus$25	12$\oplus$22
ϕ10@150	ϕ10@150	ϕ10@100	ϕ10@100/200

续表

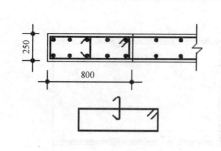
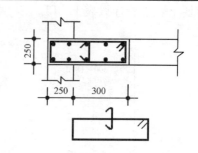

构造边缘暗柱 GAZ1		构造边缘翼墙柱 GYZ1	
-0.100~12.660	12.660~62.400	-0.100~12.660	12.660~62.400
10⌀20	10⌀18	10⌀20	10⌀18
φ10@100	φ10@150	φ10@100	φ10@150

一、构造边缘暗柱（构件代号—GAZ）

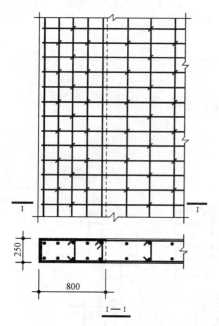

图 11-14 构造边缘暗柱

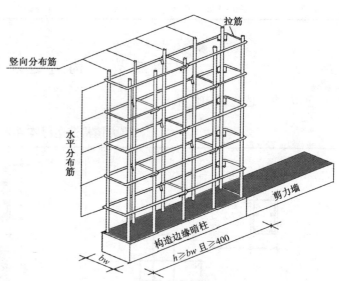

图 11-15 构造边缘暗柱 GAZ
轴测投影示意图

二、构造边缘端柱（构件代号—GDZ）
三、构造边缘转角墙柱 GJZ

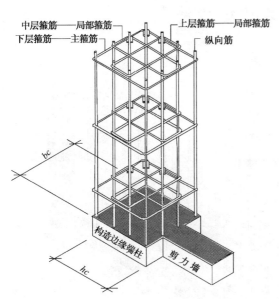

图 11-16 构造边缘端柱 GDZ
轴测投影示意图

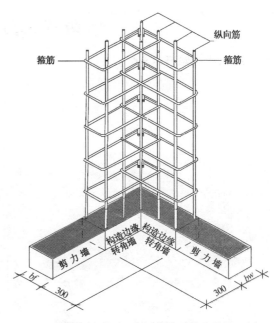

图 11-17 构造边缘转角墙柱 GJZ
轴测投影示意图

四、构造边缘翼墙 GYZ

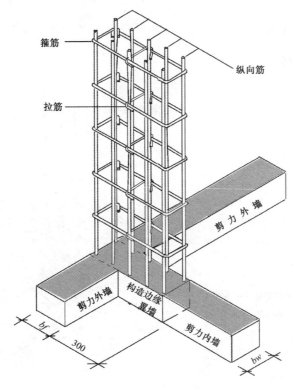

图 11-18 构造边缘翼墙柱 GYZ
轴测投影示意图

第四节 约束边缘构件

一、约束边缘暗柱 YAZ

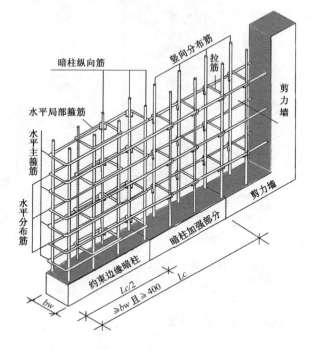

图 11-19 约束边缘暗柱 YAZ

图 11-20 约束边缘暗柱 YAZ 轴测投影示意图

二、约束边缘端柱 YDZ

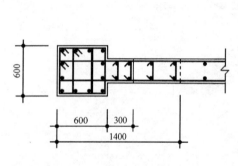

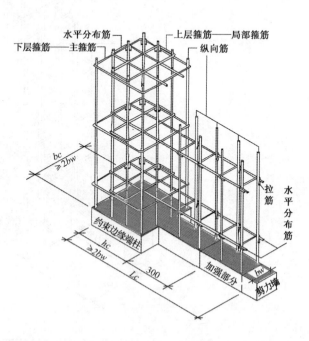

图 11-21 约束边缘端柱 YDZ

图 11-22 约束边缘端柱 YDZ 轴测投影示意图

三、约束边缘转角墙 YJZ

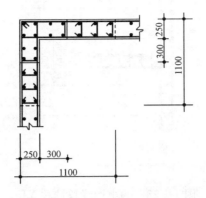

图 11-23　约束边缘转角墙柱　YJZ

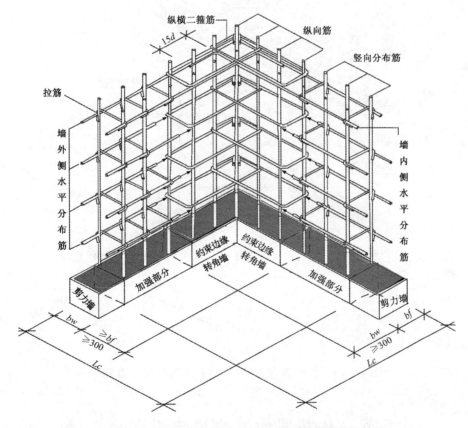

图 11-24　约束边缘转角墙柱 YJZ 轴测投影示意图

四、约束边缘翼墙柱 YYZ

剪力墙的翼缘计算宽度 = min {剪力墙间距，门窗洞间翼墙宽度，剪力墙厚度 +2×6×翼墙厚度，墙肢总高度/10}

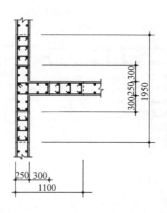

图 11-25 约束边缘翼墙柱 YJZ

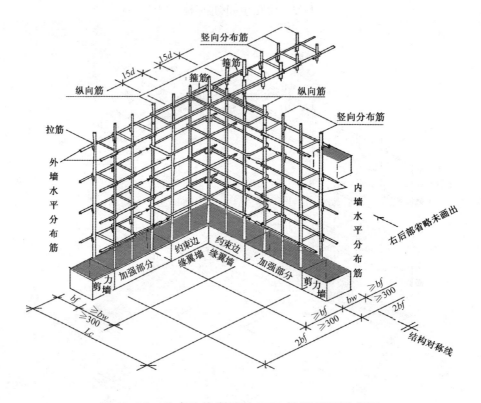

图 11-26 约束边缘翼墙柱 YYZ 轴测投影示意图

第五节 楼层间的剪力墙中纵向筋搭接

一、竖向分布筋高低错落（不在剪力墙的同一截面水平）搭接

图 11-27 表示上下楼层间，剪力墙中竖向分布筋的搭接连接及其模板轴测投影示意图。

二、竖向分布筋在同一水平同一截面水平处搭接

图 11-28 是上下楼层间，剪力墙中竖向分布筋在同一水平部位搭接连接，及其模板轴

测投影示意图。

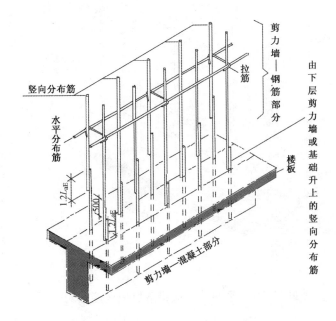

图 11-27 楼层间剪力墙竖向筋搭接及轴测投影示意图

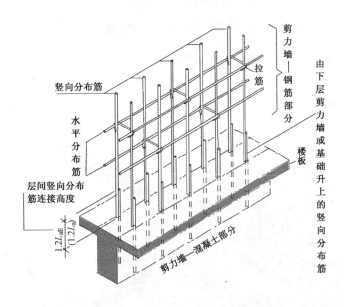

图 11-28 竖向筋在同一水平搭接轴测投影示意图

三、竖向分布筋高低错落（不在剪力墙的同一截面水平）的机械连接

图 11-29 是上下楼层间，剪力墙中竖向分布筋的机械连接，及其模板轴测投影示意图。

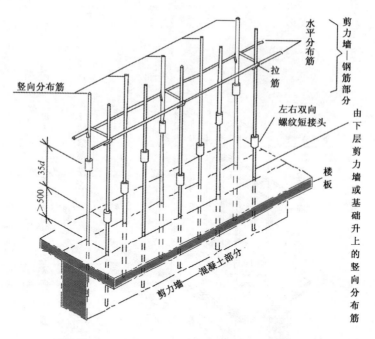

图 11-29 竖向筋高低错落机械连接轴测投影

以上图 11-27、图 11-28 和图 11-29，只是介绍上下楼层间，剪力墙中竖向分布筋的两种搭接方法和机械连接方法，至于它们的适用条件，将在第八节中进一步介绍。

第六节　剪力墙在上下楼层之间墙厚（沿层高）发生变化

一、上下层的剪力墙外墙变截面处，竖向分布筋的连接

图 11-30 是上下楼层间，边部剪力墙（外墙）上层变窄且比齐时的配筋，以及其模板轴测投影示意图。左边（a）钢筋绑扎，右边（b）是钢筋混凝土模板图。

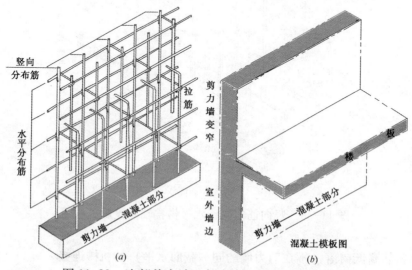

图 11-30　边部剪力墙上部变窄比齐配筋轴测投影
（a）钢筋绑扎；（b）混凝土模板

二、剪力墙的内墙保持对称于中心线的变截面

图 11-31 是上下楼层间，剪力墙对称于中心线上墙变窄时的配筋，以及模板轴测投影示意图。这里是外墙的截面发生了变化。外墙的外皮，一直上升。内墙皮的竖向分布筋在楼板处，向外弯了 90°。此上墙的里皮处的竖向分布筋，向外移动了一段距离。图 11-31 的左方（a）是钢筋的轴测投影示意图；右方（b）是它的钢筋混凝土模板图。

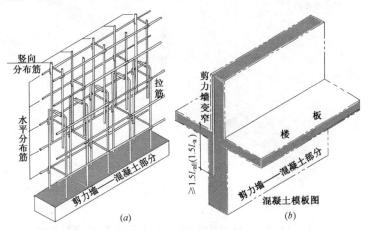

图 11-31　剪力墙上墙对称变窄的配筋轴测投影
(a) 钢筋；(b) 模板

第七节　剪力墙中水平分布筋与其他构件的整体化锚固

一、端柱截面较小的情况

遇有小截面端柱时，剪力墙中水平分布筋的锚固及其混凝土模板轴测投影示意图，如图 11-32（a）所示。由于端柱的截面小，剪力墙中水平分布筋伸进柱内的深度，达不到要求的锚固长度。所以，为了满足锚固的要求，水平分布筋需要弯一个 90° 的弯钩。图 11-32（b）是其混凝土模板轴测投影示意图。

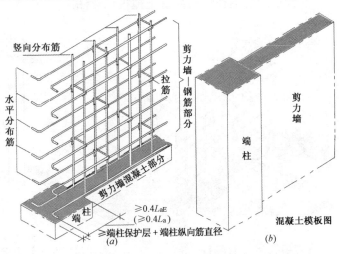

图 11-32　端柱截面较小时剪力墙水平筋锚固轴测投影
(a) 水平筋弯钩；(b) 模板

二、端柱截面较大的情况

图 11-33 是具有较大截面的端柱时,剪力墙中水平分布筋的锚固及其混凝土模板轴测投影示意图。

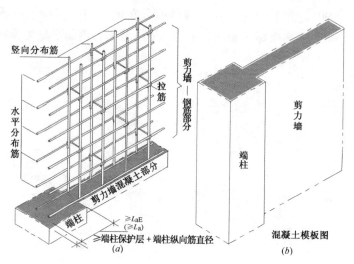

图 11-33 端柱截面较大时剪力墙水平筋锚固轴测投影
(a) 水平筋直接伸入端柱;(b) 模板

图 11-33 中的剪力墙,和图 11-32 中的剪力墙是一样的。但是,图 11-33 中的端柱截面,比图 11-32 中的大。因此,水平分布筋伸入端柱中的直线部分,可以达到锚固的要求。所以,就不必弯钩了。

三、剪力墙转角处遇有端柱时的水平分布筋

图 11-34 是转角处有端柱时,剪力墙中水平分布筋的锚固轴测投影示意图。剪力墙内侧水平分布筋,进入端柱的深度 $\geq 0.4L_{aE}$ 或 $0.4L_a$;或 $\geq 0.4L_a$。90°的弯钩为 $15d$。

图 11-35 是剪力墙转角处有端柱时的混凝土模板示意图。

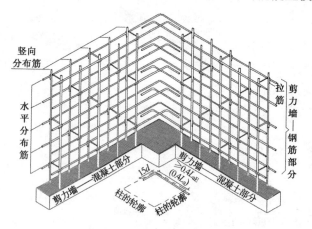

图 11-34 剪力墙转角处有端柱
的水平筋锚固轴测投影

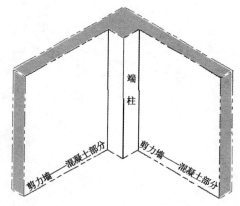

图 11-35 剪力墙转角处有端柱
的混凝土模板示意

第八节 剪力墙顶层竖向分布筋与屋面顶板的整体固接

一、边部剪力墙顶层竖向分布筋伸向顶板的整体连接锚固

1. 边部剪力墙顶层竖向分布筋伸向顶板之一

图 11-36 是边部剪力墙顶层竖向分布筋，伸向顶板的构造轴测投影示意图。紧贴室外的剪力墙，顶层的里外两排竖向分布筋，同时向顶板的一个方向弯去。锚固长度（抗震的 L_{aE} 或非抗震的 L_a）是从顶板底面算起，到钢筋弯后的尽端为止。

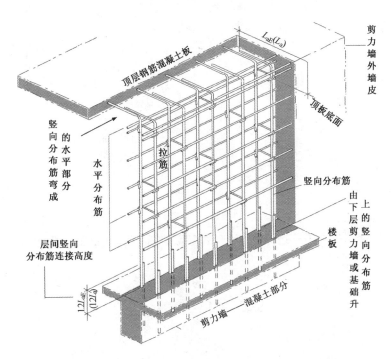

图 11-36 边部剪力墙竖筋伸向顶板构造轴测投影

另外，竖向分布筋在上、下层之间的楼板处，当三、四级抗震等级且直径小于或等于 28mm 时，可以在同一水平搭接。但是，钢筋为 HPB235 时，应加 $5d$ 的弯钩。搭接长度为：抗震为 $1.2L_{aE}$；非抗震为 $1.2L_a$。

2. 边部剪力墙顶层竖向分布筋伸向顶板之二

图 11-37 与图 11-36 的剪力墙顶层竖向分布筋搭接不同之处，在于不全在同一水平面上进行搭接。它适用于一、二级抗震等级剪力墙顶层竖向分布筋且直径小于或等于 28mm 时钢筋构造。但是，钢筋为 HPB235 时，钢筋端头要有 180°的弯钩。

3. 边部剪力墙顶层竖向分布筋伸向顶板之三

图 11-38 是不同楼层的竖向分布筋，采用的是机械连接方法。相邻竖筋连接点间的竖向距离为 $35d$。最低竖筋连接点，到楼板面的距离，需要 ≥500。

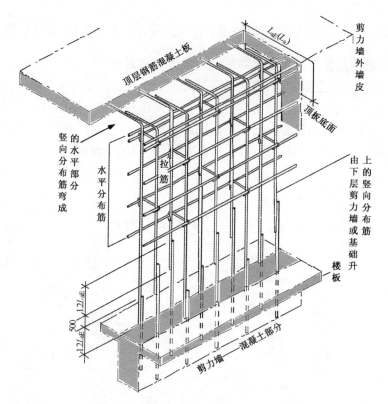

图 11-37 边部剪力墙竖筋搭接不在同平面内的轴测投影

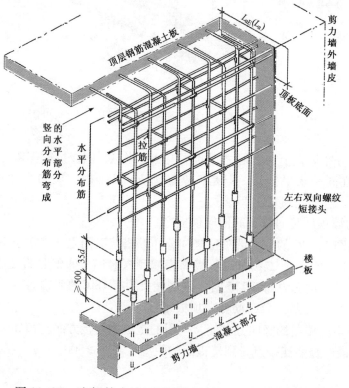

图 11-38 边部剪力墙不同楼层竖筋机械连接轴测投影

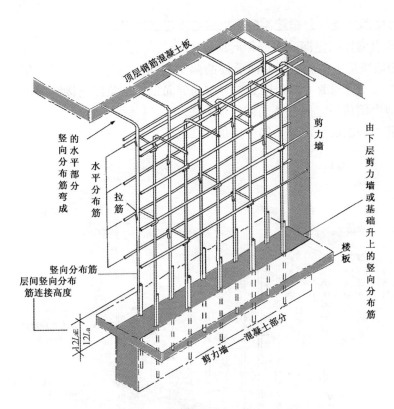

图 11-39　室内剪力墙竖筋搭接在同一水平面时轴测投影

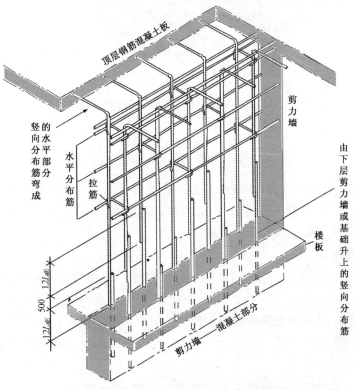

图 11-40　室内剪力墙竖筋不在同一水平搭接的轴测投影

二、室内剪力墙顶层竖向分布筋伸向顶板的整体连接锚固

1. 室内剪力墙顶层竖向分布筋伸向顶板之一

室内剪力墙顶层竖向分布筋伸向顶板的两个方向,参见图11-39、图11-40和图11-41。详见前"一、边部剪力墙顶层竖向分布筋伸向顶板的整体连接锚固"

2. 室内剪力墙顶层竖向分布筋伸向顶板之二
3. 室内剪力墙顶层竖向分布筋伸向顶板之三

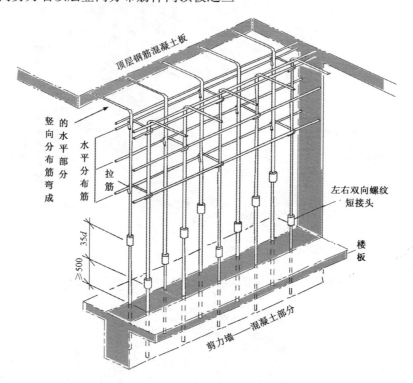

图 11-41 室内剪力墙竖筋机械连接轴测投影

第九节 剪力墙中的连梁

在剪力墙体系中,位于门窗洞口的上方,布置有"连梁钢筋"。"连梁钢筋"按其所处的位置不同,有"墙端部洞口连梁"和"非墙端部洞口连梁"。"非墙端部洞口连梁"又包括单跨的洞口连梁和双跨的洞口连梁。

一、剪力墙的端部连梁

图 11-42 是剪力墙房屋端部的门窗洞口连梁钢筋。它和砖混结构中的门窗过梁类似,但是,构造不同。

在端部连梁里,又分为顶层连梁和非顶层连梁。顶层的箍筋比非顶层的箍筋多。从图 11-42 中的 A—A 截面图上看,连梁尚且设有侧面构造纵向钢筋——即水平分布筋,并由拉筋固定在箍筋处。

图 11-43 是房屋端部门窗洞口连梁的剪力墙混凝土模板图形。

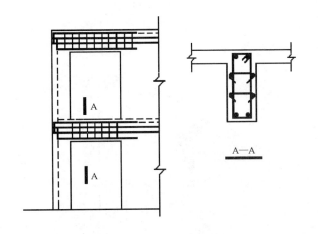
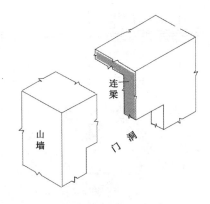

图 11-42　剪力墙房屋端部门窗洞口连梁钢筋

图 11-43　剪力墙房屋端部门窗洞口连梁混凝土模板

图 11-44 是剪力墙非顶层端部连梁配筋的轴测投影示意图。

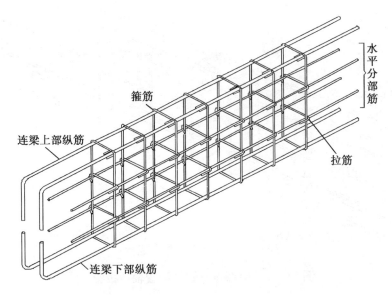

图 11-44　剪力墙非顶层端部连梁配筋轴测投影

二、剪力墙的中部连梁

图 11-45 是剪力墙非端部连梁配筋。这里有单洞口（单跨）连梁和双洞口（双跨）连梁之分。双洞口（双跨）连梁，是设置成一个整体连梁。图 11-45 中的截面，和图 11-42 中的截面，完全相同。

117

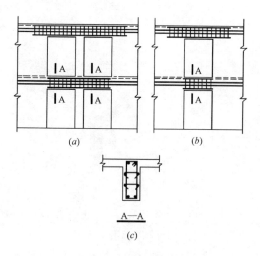

图 11-45 剪力墙非端部连梁配筋
(a) 双洞口；(b) 单洞口；(c) 配筋截面

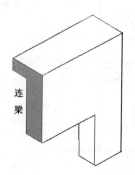

图 11-46 连梁的混凝土模板

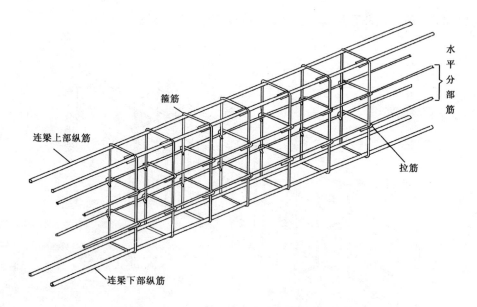

图 11-47 中部连梁钢筋配置轴测投影

第十二章 板式楼梯

楼梯从结构角度区分时,有板式楼梯和梁式楼梯。本章只讲板式楼梯的解读方法。

第一节 板式楼梯的类型和标注规则

一、板式楼梯类型的划分

板式楼梯根据它的功用和图示方法,可以分为两组类型:

1. 第一组——AT、BT、CT、DT 和 ET;
2. 第二组——FT、GT、HT、JT、KT 和 LT。

限于本章篇幅,这里侧重第一组的图示方法,第二组只择重点讲述。

二、楼梯段的集中标注

图 12-1 部分楼梯段的局部图。其中"b_s"是踏步宽度;"h_s"是起步高度。

在图 12-2 楼梯间里,"上"与"下"及其箭头方向线,表示上下楼梯的方向。这是两跑(两段)楼梯。在这个平面图上,有两块楼梯段(楼梯板)的投影。每块楼梯段的投影,是 8 个长方形(即 $m=8$)。每个长方形,都是一块踏步板。虽然是 8 个长方形踏步板,但是,要注意,从写有"上"字处开始,抬腿上台阶,得抬 9 次腿,才能上到"层间平台板"。

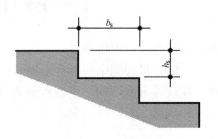

图 12-1 楼梯局部

在图 12-2 的中间三行字,是这块楼梯段的集中标注。

图 12-3 是对图 12-2 中集中标注的图解说明。

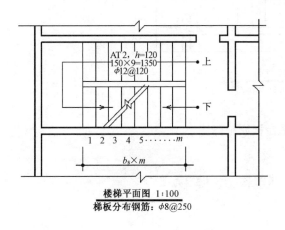

图 12-2 楼梯集中标注

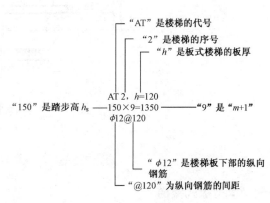

图 12-3 集中标注说明

三、平台板的集中标注

平台板依其所处的位置不同,分为楼层平台板和层间平台板。两者的代号均为"PTB"。图 12-4 是层间平台板集中标注。楼层平台板和层间平台板的代号及其序号均相同,所以,它们的配筋是完全相同的。

图 12-5 是对图 12-4 中集中标注的引线解释说明。

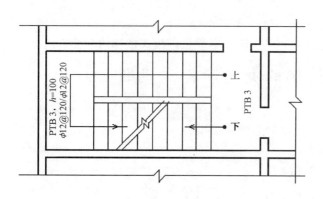
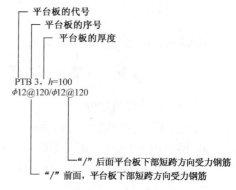

图 12-4 层间平台板集中标注　　　　图 12-5 层间平台板集中标注说明

四、平台板中的原位标注

下图是楼梯间中的平台板原位标注——平台板四周的负筋,注有钢筋的规格和长度。图名横线下方所写的"平台板分布钢筋"(钢筋①和钢筋②),是指支撑负筋用的。相同编号的钢筋,只标注一次。

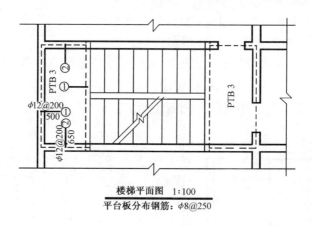

图 12-6 楼梯平台板原位标注

第二节　第一组板式楼梯

一、AT 型板式楼梯

一跑的楼梯板的两端,直接以楼梯梁为支座的构造楼梯,称为"AT 型楼梯",本文列出以下 4 种。

1. AT 型普通双跑楼梯

图 12-8 画的是普通两跑楼梯示意图，为了清晰起见，踏步板未画。图上可以清楚地看出构件三要素——楼梯梁、楼梯板和平台板。

2. AT 型双分平行楼梯

图 12-9 是先从两旁分上，至层间平台板后，再合一起上的两跑楼梯板。也就是说，先分两路上，然后再合起来上宽楼梯。

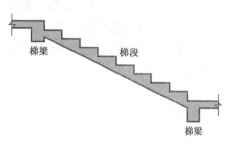

图 12-7　AT 型楼梯

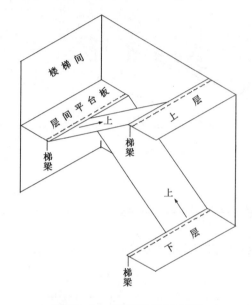

图 12-8　两跑楼梯示意图

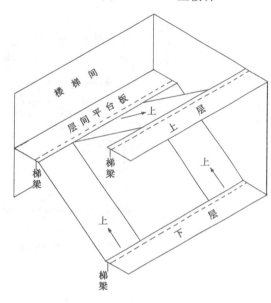

图 12-9　AT 型双分平行楼梯

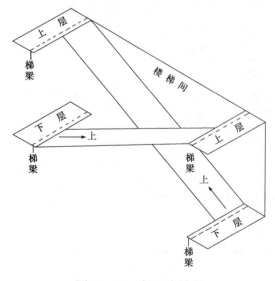

图 12-10　交叉式楼梯

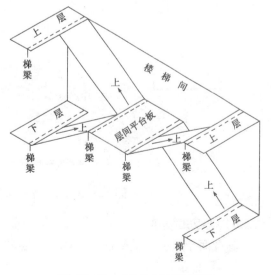

图 12-11　剪刀式两跑楼梯

3. AT 型交叉楼梯

交叉式楼梯是一对并排的一跑楼梯,但是,方向相反。而且,没有层间平台板。

4. AT 型剪刀式两跑楼梯

图 12-11 所示,是直线式两跑楼梯——脸冲前一个方向不变,经过层间平台板上到上一楼层。但是,还有一个和它完全一样的两跑楼梯,而且并排,只是方向相反。两个两跑楼梯像是一把剪刀。故而,称为剪刀式两跑楼梯。

5. AT 型板式楼梯配筋例图

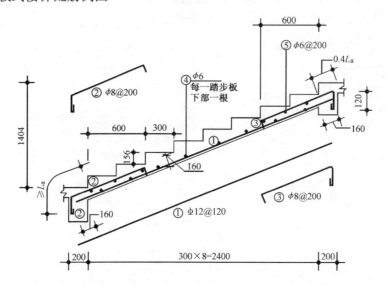

图 12-12 AT 型现浇混凝土板式楼梯钢筋构造施工图

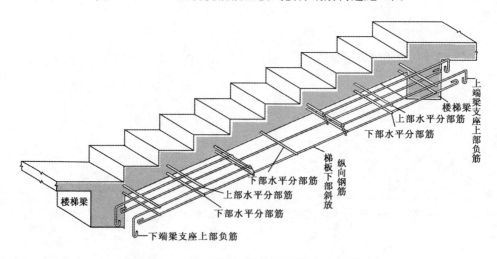

图 12-13 AT 型钢筋混凝土楼梯(板式楼梯)

二、BT 型板式楼梯

具有两个楼梯梁的斜梯板下端,为底端平板。底端平板落在梯梁上。

1. BT 型双跑楼梯

根据 BT 型楼梯的特点,两块楼梯板的下部均有下端平板。

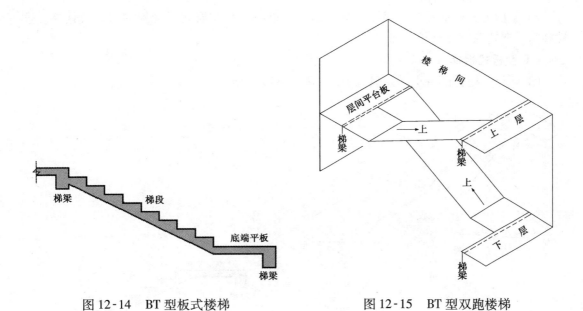

图 12-14　BT 型板式楼梯

图 12-15　BT 型双跑楼梯

2. BT 型双分式平行楼梯

BT 型双分式平行楼梯也是双跑楼梯。只不过楼梯间宽了一倍。它可以从两侧上，到了层间平台以后，再转身上上层。这时，楼梯板比前者宽一倍。

3. BT 型交叉式楼梯

交叉式楼梯的立面图是"X"形。从两个方向都能上上层。每块楼梯的下端都连着一块平板。

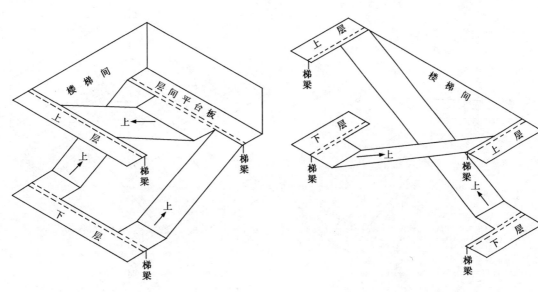

图 12-16　BT 型双分式平行楼梯

图 12-17　BT 型交叉式楼梯

4. BT 型剪刀式楼梯

BT 型剪刀式楼梯具有六根楼梯梁，是两个单向且具有层间平台板的剪刀式楼梯。这楼梯间，要比双跑楼梯长一倍。

三、CT 型板式楼梯

CT 型板式楼梯的特点，是只有上端具有"高端平台"。

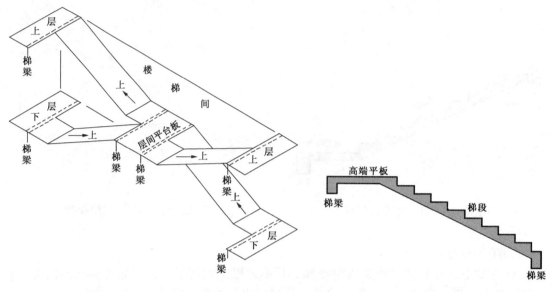

图 12-18　BT 型剪刀式楼梯　　　　图 12-19　CT 型板式楼梯

1. CT 型双跑楼梯

两楼梯梁的斜梯板高端，具有平板部分，落在高端梯梁处。低端楼梯板落在低端梯处。见图 12-20。

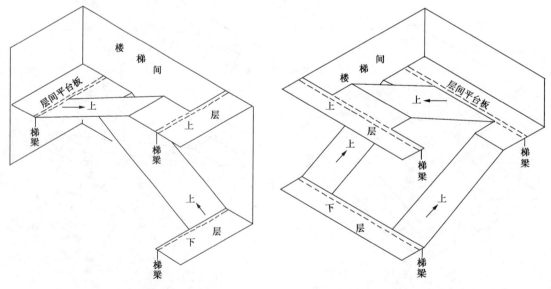

图 12-20　CT 型双跑楼梯　　　　图 12-21　CT 型双分式平行楼梯

2. CT 型双分式平行楼梯

CT 型双分式平行楼梯，与 BT 型双分式平行楼梯基本相似，只不过，BT 型双分式平行楼梯的平台在下端，而 CT 型双分式平行楼梯的平台在上端。

3. CT 型交叉式楼梯

CT 型交叉式楼梯是两个方向迎面相对的单跑楼梯，且平台板都在上方。

4. CT 型剪刀式楼梯

CT 型剪刀式楼梯的正面投影是"X"形。而且，平台板也都是设在上端。

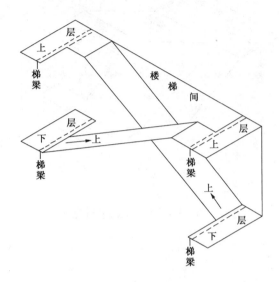

图 12-22　CT 型交叉式楼梯

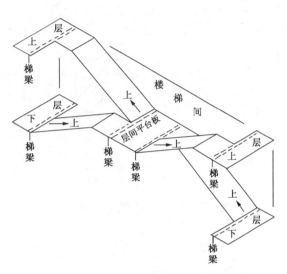

图 12-23　CT 型剪刀式楼梯

四、DT 型板式楼梯

DT 型板式楼梯却是又进一步，在楼梯板的上下两端均设有平板——高端平板和低端平板。

1. DT 型双跑楼梯

DT 型双跑楼梯与 AT 型双跑楼梯相比，DT 型的两块楼梯板的上下，都有高低端平板。也就是说，DT 型的两块楼梯板的楼梯间，比 AT 型双跑楼梯的楼梯间要长。

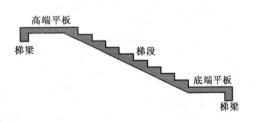

图 12-24　DT 型板式楼梯

2. DT 型双分式平行楼梯

DT 型双分式平行楼梯，要比 AT 型双分式平行楼梯，多四块小平台板和两块大平台板。楼梯间也长。

3. DT 型交叉式楼梯

DT 型交叉式楼梯是两个方向迎面相对的单跑楼梯，且平台板上下方都有。

4. DT 型剪刀式楼梯

由于 DT 型剪刀式楼梯上下端都有平台板，再加上还有层间平台，所以，层间平台显得很宽敞。

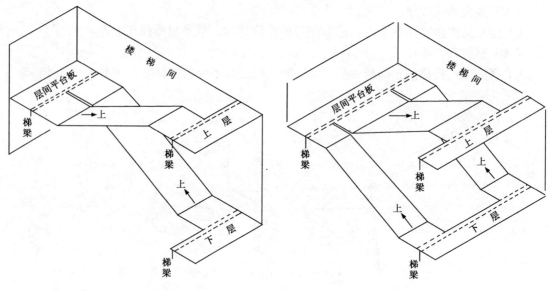

图 12-25 DT 型双跑楼梯　　　　　图 12-26 DT 型双分式平行楼梯

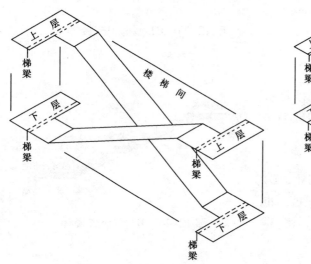
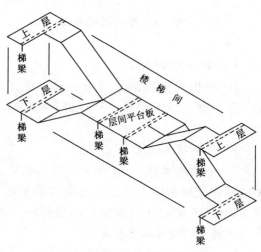

图 12-27 DT 型交叉式楼梯　　　　　图 12-28 DT 型剪刀式楼梯

五、ET 型板式楼梯

ET 型板式楼梯是由三部分组成：高端踏步板；中位平板；低端踏步板。还有一个条件，是两端支撑在梁上。

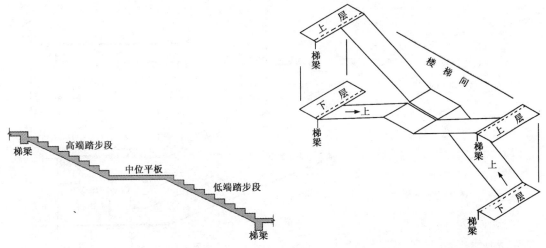

图 12-29 ET 型板式楼梯　　　图 12-30 ET 型板式楼梯交叉布置

第三节　第二组板式楼梯

FT～LT 类型板式楼梯和以前讲过的类型，不同之处，在于它们的表达方法稍有区别。

FT～JT 类型板式楼梯，在楼梯间不设梯梁。KT～LT 类型板式楼梯，在楼梯间设置楼梯梁，但是，不设置层间梯梁。

一、第二组板式楼梯的集中标注

下图以 FT 类型板式楼梯为例，来解释这个类型的集中标注的方法。

上图中的板式楼梯的集中标注：

FT 3——楼梯的代号及其序号；

$h=180$——梯板的厚度；

$150×9=1350$——踏步段的总高度；

$\underline{\Phi}16@120$——梯板下部纵向配筋；

$\underline{\Phi}16@100$——平板下部横向（Y 向）配筋。

另外，楼层平台和层间平台中的配筋，都是原位配筋，前面已经讲过，不再赘述。

二、平台板的剖面图

以 FT（A—A）类型板式楼梯剖面图为例，在其上取"D—D 截面"的图示方法。

图 12-33 即"D—D 截面"。

以 FT（B—B）类型板式楼梯为例画出了它的剖面图（图 12-34）。在这个剖面图的基础上来表示平台板构造"C—C 截面"，如图 12-35。

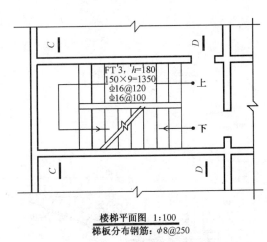

图 12-31　FT 型板式楼梯的集中标注

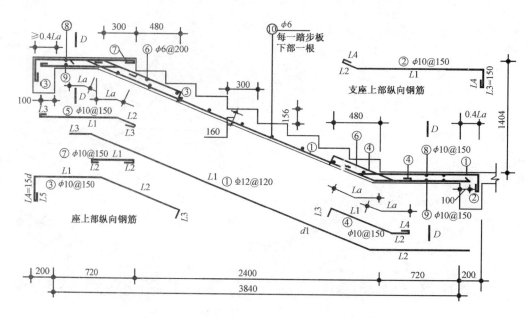

图 12-32 FT（A—A）型板式楼梯剖面图

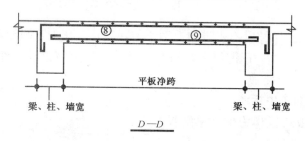

图 12-33 FT 型板式楼梯 D—D 截面

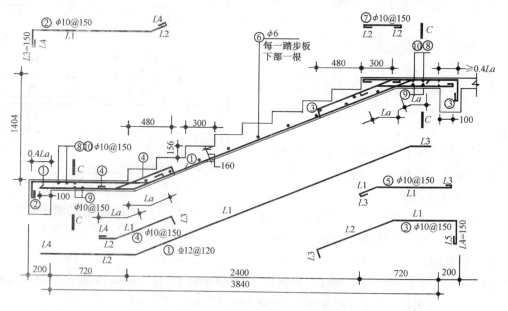

图 12-34 FT（B—B）类型板式楼梯剖面图

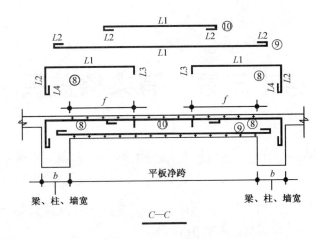

图 12-35 FT（B—B）型板式楼梯平台板
构造 C—C 截面

第十三章 有梁楼盖板

第一节 混凝土板的类型及其代号

一、楼面板

楼面板的代号是写成"LB",不同规格的楼面板,可以用后缀的序号来区分,如"LB1"、"LB2"、"LB3"……可以参看图13-3。

二、屋面板

屋面板的代号是写成"WB",不同规格的屋面板,可以用后缀的序号来区分,如"WB1"、"WB2"、"WB3"……屋面板平面图与楼面板平面图类似。只不过是没有柱子的断面而已。

三、延伸悬挑板

延伸悬挑板的代号是写成"YXB",不同规格的延伸悬挑板,可以用后缀的序号来区分,如"YXB 1"、"YXB 2"、"YXB 3"……可以参看图13-1。

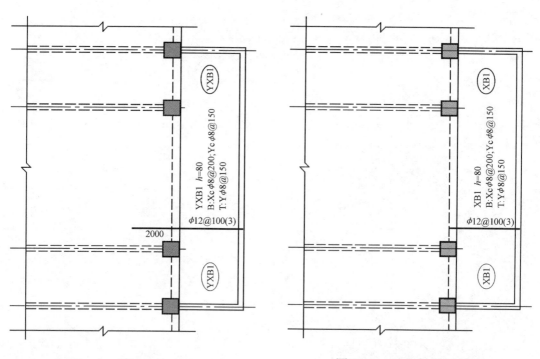

图13-1 楼面板的标注　　　　图13-2 纯悬挑板的标注

在图 13-1 延伸悬挑板中，既有板的集中标注，又有原位标注。集中标注只有文字，不画钢筋；而原位标注，既画出钢筋，又有文字标注。板的类型代号和编号是"YXB1"。"$h=80$"是板厚为80mm。"B:"是指其后列出的是板的下部配筋。"Xc"和"Yc"表示沿X方向和沿Y方向配置的"构造钢筋"——即根据构造需要，配置的钢筋。"T:"后面的钢筋配置在板中上部，而且是沿着Y的方向。"T：Y$\phi 8@150$"所表示的钢筋，就是原位标注的那个受力钢筋（$\phi 12$）的分布钢筋。延伸悬挑板按中间两根梁的轴线向右方延长，把板划分为三个区域。前述的集中标注，只是指中间区域。由于上部区域和下部区域"板编号"与中间区域相同，所以配筋是相同的。

四、纯悬挑板

纯悬挑板的代号是写成"XB"，不同规格的楼面板，可以用后缀的序号来区分，如"XB 1""XB 2""XB 3"……参看图13-2，它和图13-1的集中标注内容是一样的。只是原位标注不同而已。

第二节 楼板平面图上钢筋的集中标注和原位标注

图13-3是用平法制图标准方法绘制的楼板结构施工平面图。确切地说，楼板平面图上钢筋的规格、数量和尺寸，是分成集中标注和原位标注两部分。图中间注写的是集中标注；四周注写的是原位标注。"LB1"表示1号楼面板。集中标注的内容有："$h=150$"表示板厚为150mm；"B"表示板的下部贯通纵筋；"X"表示贯通纵筋沿横向铺设；"Y"表示贯通纵筋沿图纸竖向铺设。图中四周原位标注的是负筋。在平法制图标准方法绘制的HPB235负筋，没有画直角钩。①号负筋下方的180，是指梁的中心线到钢筋端部的距离。换句话说，就是钢筋长度等于两个180为360。但是，请注意，如果梁的两侧的数据不一样时，就要把两侧的数据加到一起，才是它的长度。②号负筋和①号负筋的道理一样。③号负筋是位于梁的一侧，它下面标注的180就是钢筋的长度。④号负筋和③号负筋情况一样，只是数据不同。

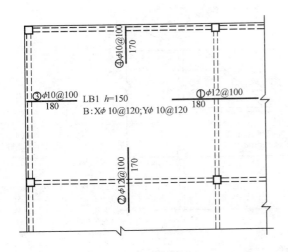

图13-3 平法制图楼板结构施工平面图

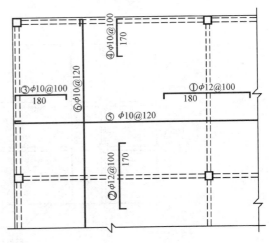

图13-4 传统制图楼板结构施工平面图

图13-4是用传统的制图标准方法绘制的楼板结构施工平面图。在有梁处的板中,设置有①、②、③、④号负筋。这些负筋,在图13-3(平法制图)中,是画成不带弯的直线的。而在图13-4的传统制图中,钢筋两端是画成直角弯钩的。

图13-5是图13-3和图13-4的立体示意图。图中没有把钢筋全都画出来。每个号的钢筋只一根到几根(实际根数由钢筋的间距@XXX来决定)。

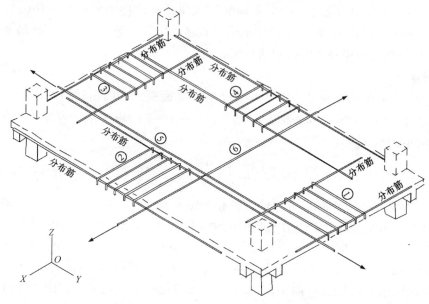

图13-5 楼板结构施工的立体示意图

图13-6是走廊过道处的楼板中配筋(为了清晰起见,没有绘出墙的轮廓线)。这是平法制图的表达方法。在走廊过道处的楼板中,在下部既配有横向贯通纵筋,又配有竖向贯通纵筋。在楼板上部,配有横向贯通纵筋。另有负筋跨在一双梁上。参看表13-1。

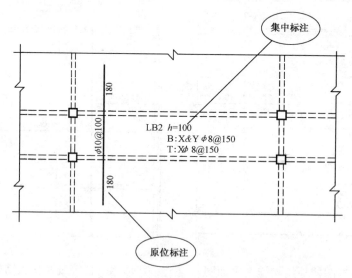

图13-6 走廊楼板配筋平法制图表达

集中标注解释 表 13-1

标注形式	意 义	标注形式	意 义
LB2	楼面板 2 号	T	板中上部筋
$h = 100$	板厚等于 100 毫米	X	横向贯通纵筋
B	板中下部筋	X&Y	横向贯通纵筋和竖向贯通纵筋

图 13-7 是对图 13-6，用传统的制图方法，对照绘出，用来做解读的。①号筋和②号筋，就是图 13-6 中"B：X&Yϕ8@150"。

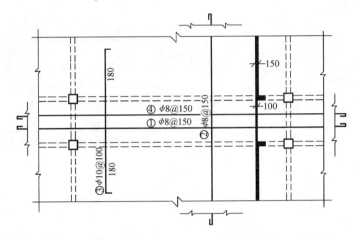

图 13-7 走廊楼板配筋传统制图表达

如图 13-8 所示，是图 13-6 和图 13-7 的立体示意图。它是在楼板中铺设钢筋的情况。

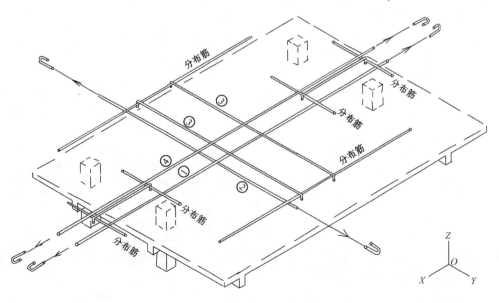

图 13-8 楼板配筋立体示意

133

图 13-9 表示楼板结构平面图中，楼板配筋的集中标注示例。此例只表示板厚和下部钢筋。下部钢筋配置：X 方向（横向）贯通纵筋；Y 方向（竖向）贯通纵筋。此图中只注写了"B"，而没有注写"T"，是说楼板中只配置下部贯通纵筋，而不配置上部贯通纵筋。

图 13-10 是从图 13-9 中剖切画出的。

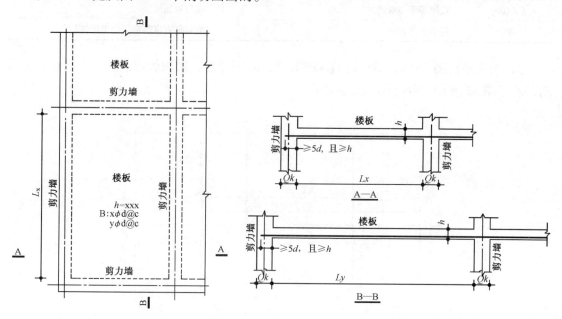

图 13-9 板的多跨下部筋标注

图 13-10 板下部配筋截面图

图 13-11 是板搭在边梁上的负筋。

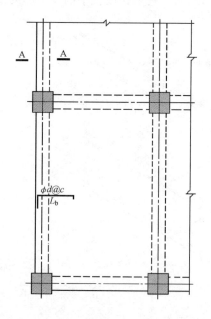

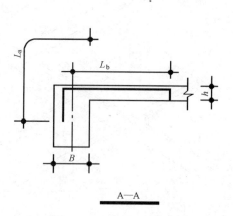

图 13-11 板搭边梁中的负筋

图 13-12 板搭边梁中负筋截面

图13-13是板搭在剪力墙上的负筋。

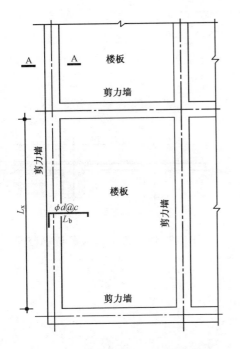

图13-13 板搭剪力墙中的负筋

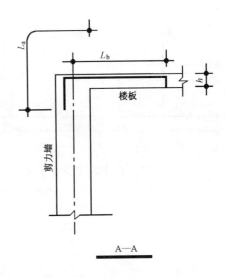

图13-14 板搭剪力墙负筋截面

图13-15是板的跨梁负筋。

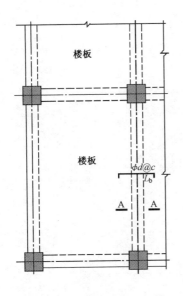

图13-15 板的跨梁负筋

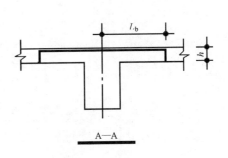

图13-16 板的跨梁负筋截面

图 13-17 是板中跨走廊双梁的负筋。

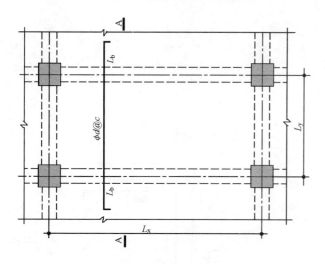

图 13-17　板中跨双梁的负筋

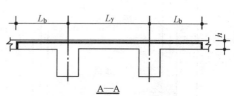

图 13-18　板中跨双梁负筋截面

第十四章 无梁楼盖板的图示解读

第一节 无梁楼盖板的图示概念

"无梁楼盖板",顾名思义就是没有梁的楼盖板。楼板是由戴帽的柱头支撑着的,如图 14-1 所示。楼板四周有小边梁。这个楼板悬挑出柱子以外一段距离。为了能够看清楚柱帽的几何形状,通过取剖视的方法,画出带剖视的仰视图——"A—A 平面图"。

一、周边具有悬挑板檐的无梁楼盖板

周边具有挑板檐的无梁楼盖板,见图 14-1。

二、周边没有悬挑板檐的无梁楼盖板

图 14-2 与图 14-1 相似,只不过是图 14-1 有挑檐,而图 14-2 则没有挑檐。

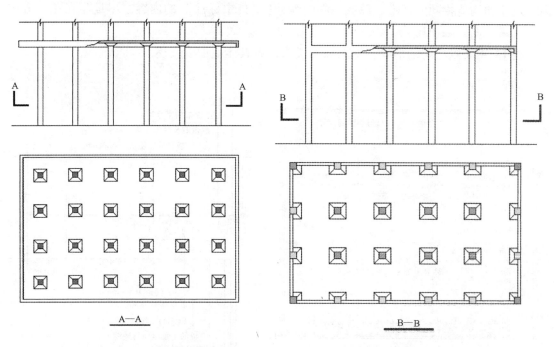

图 14-1 有悬挑板檐的无梁楼盖模型图　　图 14-2 无挑檐无梁楼盖板

三、无梁楼盖板的其他类型

无梁楼盖板的其他类型尚有前后方具有挑檐的无梁楼盖板和左右方具有挑檐的无梁楼盖板。

四、无梁楼盖板中集中标注的钢筋

无梁楼盖板中集中标注的钢筋有:

柱上板带 X 向贯通纵筋；
柱上板带 Y 向贯通纵筋；
跨中板带 X 向贯通纵筋；
跨中板带 Y 向贯通纵筋。

第二节　柱上板带 X 向贯通纵筋

关于柱上板带 X 向贯通纵筋在平面图上的图示方法，这里不讲柱子，只讲无梁楼板的配筋。

为了便于讲解平法钢筋图，把各种钢筋（X 方向贯通筋、Y 方向贯通筋和各种原位标注的钢筋）所占用的区域，分别画出，如图 14-3。

图 14-3 中的"ZSB"是"柱上板带"的符号。其后的"1"和"2"，是"柱上板带"的序号。"ZSB1（3）"中的"（3）"，是指把板带看做梁一样，它也有 3 跨。

为了便于讲解读图，这里设 X 方向中的贯通纵筋，是放在板带的最下方。平法制图中规定板带的编号和跨数、贯通筋的摆放位置（B 是摆放在板的下方；T 是摆放在板的上方）、板的宽度尺寸、钢筋的规格和数量等作为"集中标注"的内容，写在相应的该板区内。尺寸和构造相同的板带，编成相同的编号。"集中标注"的内容，尽量写在左下方的部位（最左跨、最下跨）。

图 14-4 又以注解的形式，把上面的说明，更具体地加以表述。

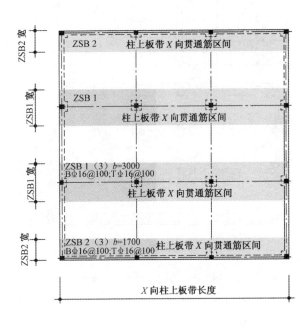

图 14-3　楼盖板柱上板带 X 向贯通筋区间

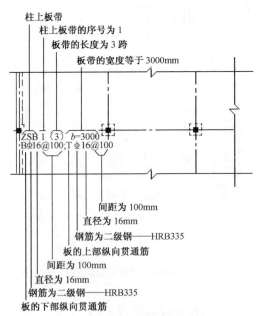

图 14-4　无梁楼盖板 X 向柱上板带的集中标注

图 14-5 是以传统的楼板结构平面图的形式，来解释图 14-3 所要表达的设计意图。

图 14-6 是选择图 14-3 中柱上板带 X 向的板块，画出了它的局部混凝土模板的立体示意图。

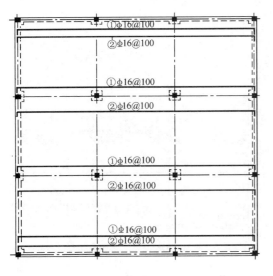

图 14-5　柱上板带 X 向贯通筋区间
相应传统配筋图

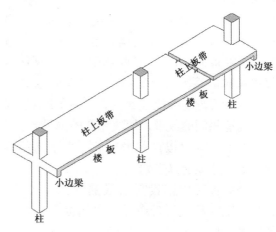

图 14-6　柱上板带 X 向板块
局部混凝土模板示意

第三节　柱上板带 Y 向贯通纵筋

在图 14-7 上，是沿着 Y 轴方向，用阴影表示的柱上板带区域。贯通纵筋平面图，在平法制图中，采用了集中标注方法，它和沿 X 轴方向的做法相同。

图 14-8 是以传统的楼板结构平面图的形式，来解释图 14-7 所要表达的设计意图。

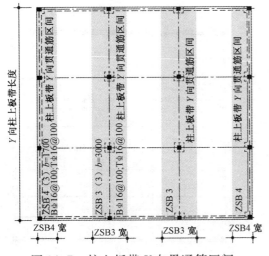

图 14-7　柱上板带 Y 向贯通筋区间

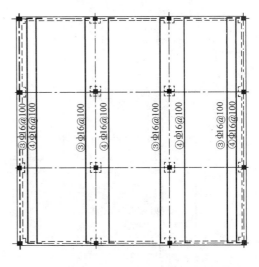

图 14-8　柱上板带 Y 向贯通筋区间
传统配筋图

第四节 跨中板带 X 向贯通纵筋

在图 14-9 上,是沿着 X 轴方向,用阴影表示的跨中板带区域。

下面开始介绍 X 向跨中板带中铺设贯通纵筋的图示方法。"KZB"是跨中板带的代号。平法制图中规定板带的编号和跨数、贯通筋的摆放位置(B 是摆放在板的下方;T 是摆放在板的上方)、板的宽度尺寸、钢筋的规格和数量等作为"集中标注"的内容,尽量写在左下方的部位(最左跨、最下跨)。尺寸和构造相同的板带,编成相同的编号。

图 14-10 又以注解的形式,把上面的说明,更具体地加以表述。

跨中板带中铺设贯通纵筋的图示方法,在形式上和柱上板带中铺设贯通纵筋是类同的。平法制图中规定板带的编号和跨数、贯通筋的摆放位置(B 是摆放在板的下方;T 是摆放在板的上方)、板的宽度尺寸、钢筋的规格和数量等作为"集中标注"的内容,写在相应的该板区内。尺寸和构造相同的板带,编成相同的编号。

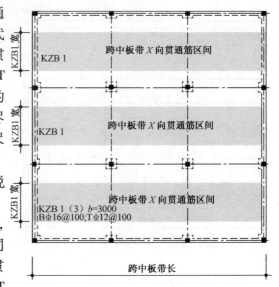

图 14-9 楼板跨中板带 X 向贯通筋区间集中标注

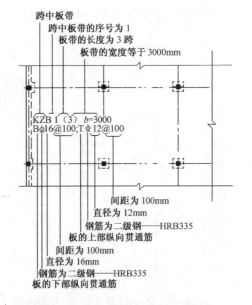

图 14-10 无梁楼盖板跨中板带的集中标注

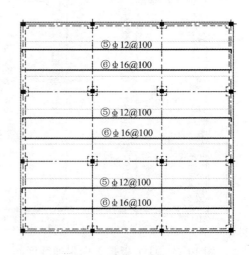

图 14-11 跨中板带 X 向贯通筋区间传统配筋图

第五节 跨中板带 Y 向贯通纵筋

在图 14-12 上，是沿着 Y 轴方向，用阴影表示的跨中板带区域。因为贯通纵筋在平面图上的图示方法，在平法制图中，采用了集中标注方法，它和沿 X 轴方向的做法相同。

图 14-13 是以传统的楼板结构平面图的形式，来解释图 14-12 所要表达的设计意图。

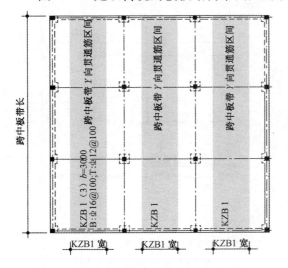

图 14-12 跨中板带 Y 向贯通筋区间　　图 14-13 Y 向跨中板带贯通筋区间
　　　　　　　　　　　　　　　　　　　　　　传统配筋图

图 14-14 是选择图 14-12 中 Y 向跨中板带的板块，画出了它的局部混凝土模板的立体示意图。

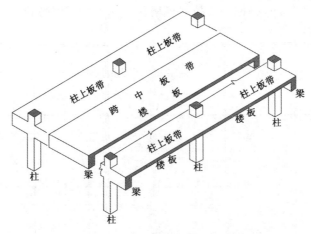

图 14-14 X 向跨中板带局部板块混凝土
模板立体示意

第六节 X 向柱上板带与 Y 向柱上板带的交汇区域

图 14-15 是双向柱上板带条状区的交汇区域——分散的小方块区域。小方块区域的类

型分三种——中间方块、边部扁方块和角部小方块。在这三种方块里，是以"原位标注"的形式进行标注——把相关技术规格和尺寸，写在钢筋的上下方。

参看图 14-16，相同编号的钢筋，相关技术规格和尺寸只标注在一条钢筋上。

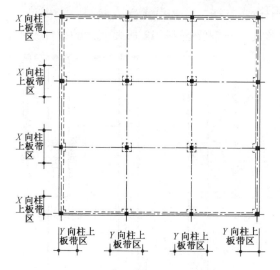
图 14-15　楼盖板柱上 X 向板带与 Y 向板带的交汇区域

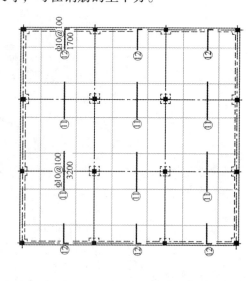
图 14-16　楼盖板柱上 X 向板带与 Y 向板带的交汇区间配筋（原位标注）

第七节　X 向柱上板带与 Y 向跨中板带的交汇区域

图 14-17 是柱上板带条状区与跨中板带条状区的交汇区域——分散的小方块区域。小方块区域的类型分两种——中间方块和边部扁方块。在图 14-18 这两种方块里，是以"原位标注"的形式进行标注——把相关技术规格和尺寸，写在钢筋的上下方。

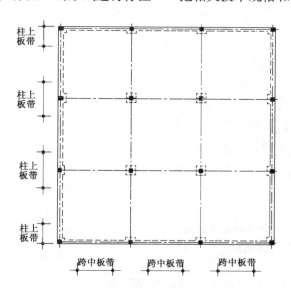

图 14-17　柱上板带与跨中板带交汇的区间

图 14-18　X 向柱上板带与 Y 向跨中板带交汇的区间配筋（原位标注）

第八节　X向跨中板带与Y向柱上板带的交汇区域

图14-19和图14-20两图，与图14-17和图14-18两图类似，这里不再赘述。

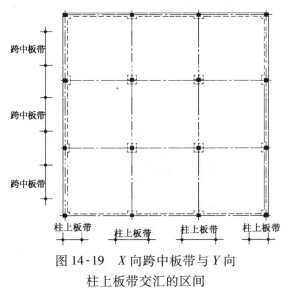

图14-19　X向跨中板带与Y向
柱上板带交汇的区间

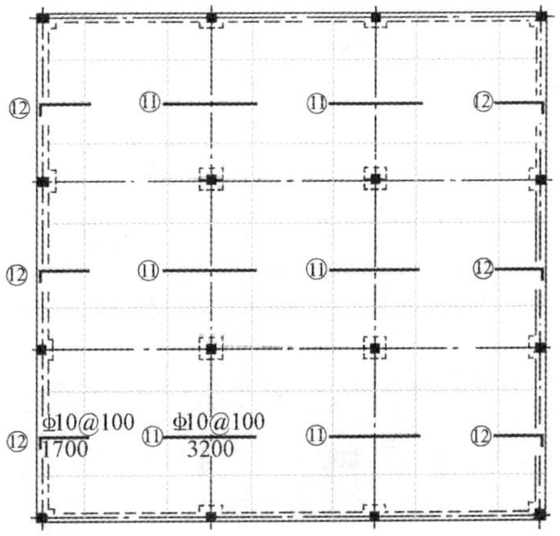

图14-20　X向跨中板带与Y向柱上
板带交汇的区间配筋（原位标注）

第九节　集中标注与原位标注的综合表达

图14-3~图14-20，都是为了为图14-21做铺垫。图14-21就是按平法制图的方法绘出的钢筋混凝土无梁楼板结构施工平面图。

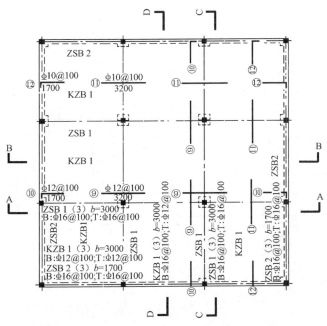

图14-21　无梁楼盖板柱上板带与跨中板带的
集中标注和原位标注综合配筋

为了进一步解读图14-21，沿图14-21的X方向，按"A—A"剖切柱上板带，画出的"A—A剖面图"，如图14-22所示。

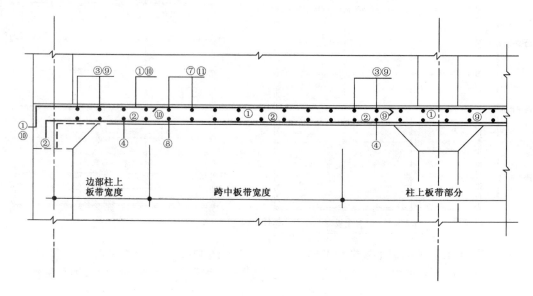

图 14-22　A—A 剖面图
（沿 X 向柱上板带剖切）

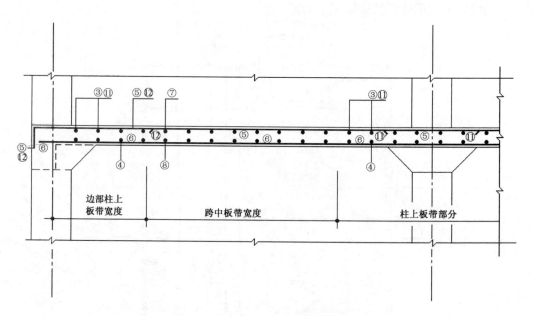

图 14-23　B—B 剖面图
（沿 X 向跨中板带剖切）

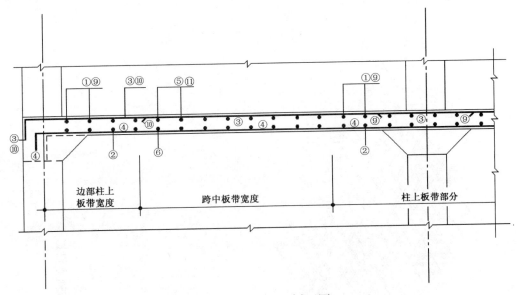

图 14-24　$\dfrac{\text{C—C 剖面图}}{(\text{沿 }Y\text{ 向柱上板带剖切})}$

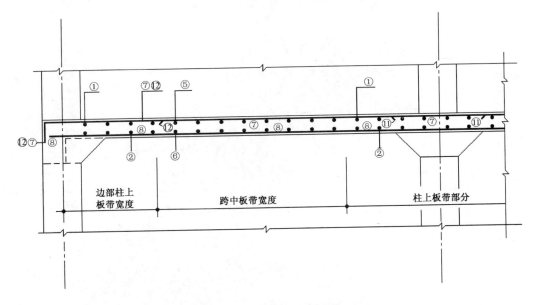

图 14-25　$\dfrac{\text{D—D 剖面图}}{(\text{沿 }Y\text{ 向跨中板带剖切})}$

以下所述各图，为了清晰起见，只表达图中局部钢筋的位置，限于图中没有表达钢筋数量、间距的空间条件，请读者看图时心里有数。

图 14-26 是沿 X 方向绘出的局部柱上板带的上部钢筋（包括局部跨中板带上部钢筋）。

图 14-27 是柱上板带的下部双向贯通筋。不画上部钢筋，板带的下部双向贯通筋才能表示得清楚。

145

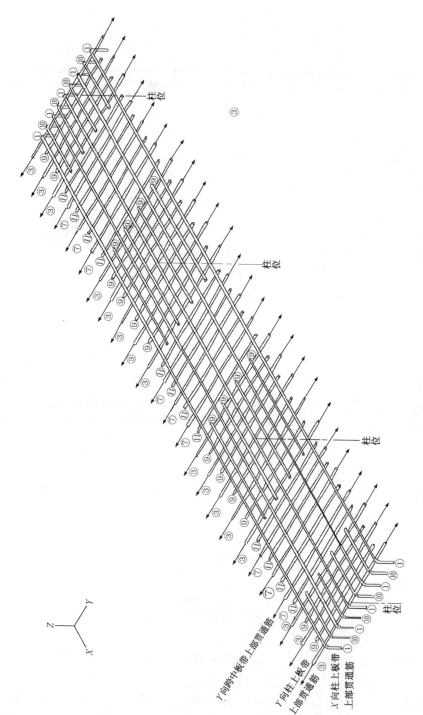

图 14-26 沿 X 方向局部柱上板带上部钢筋轴测投影

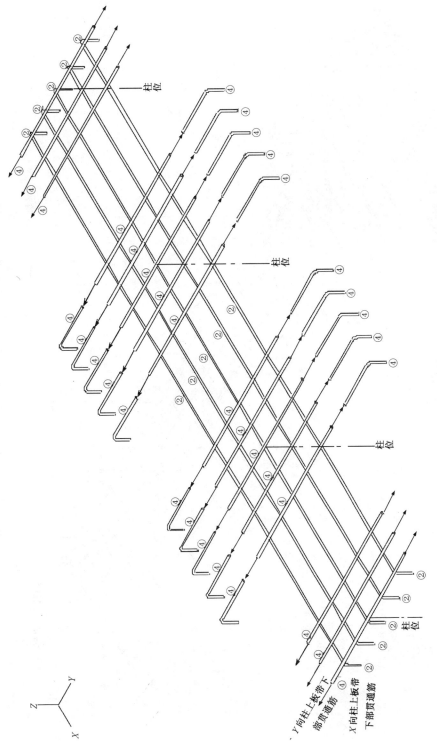

图 14-27 柱上板带的下部双向贯通筋轴测投影

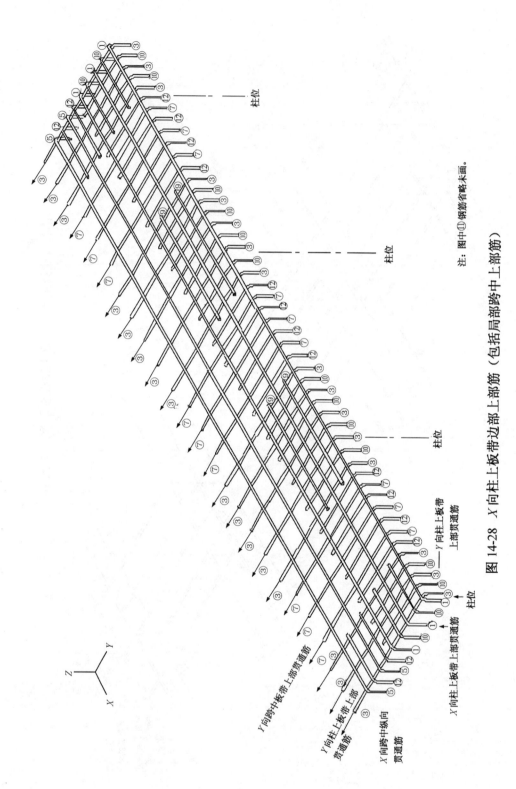

图 14-28 X 向柱上板带边部上部筋（包括局部跨跨中上部筋）

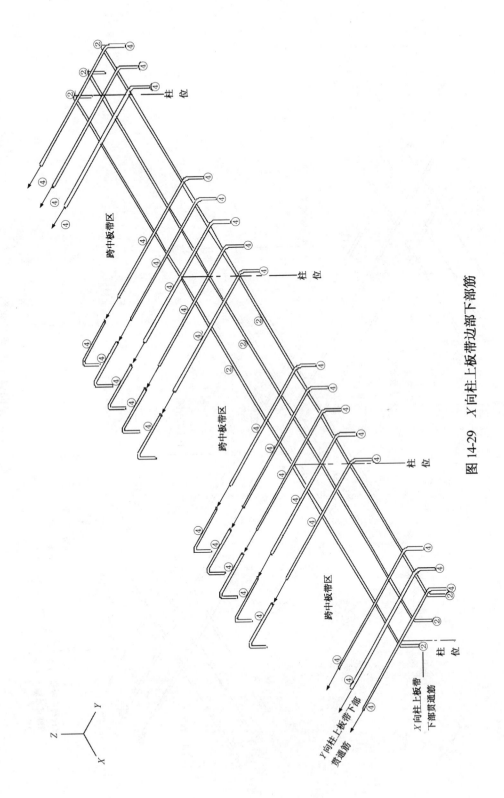

图 14-29 X 向柱上板带边部下部筋

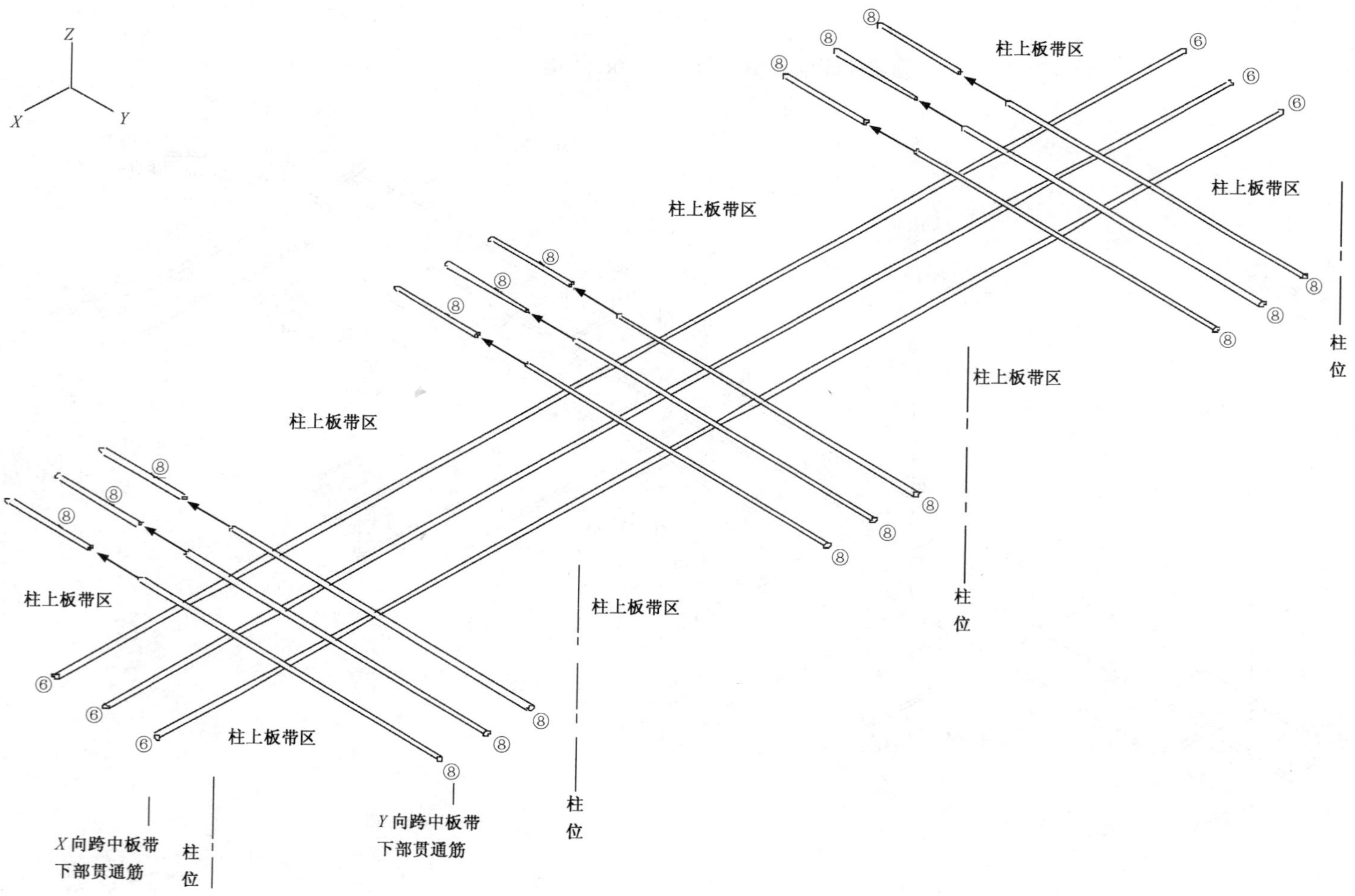

图 14-30 X 向跨中板带下部筋

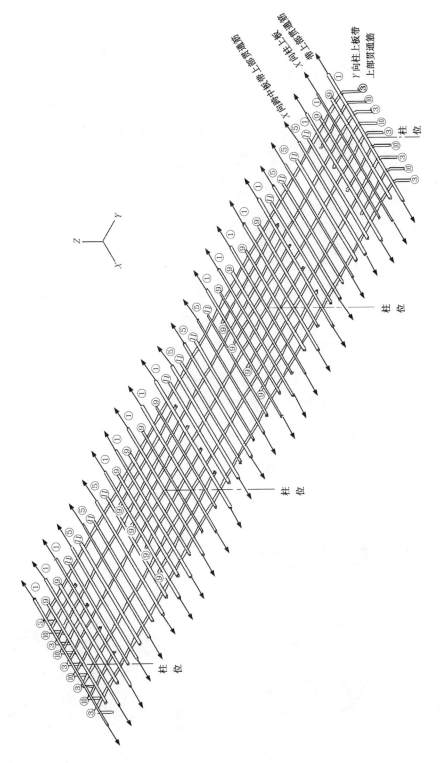

图 14-31 Y 向柱上板带上部筋（包括局部跨中上部筋）

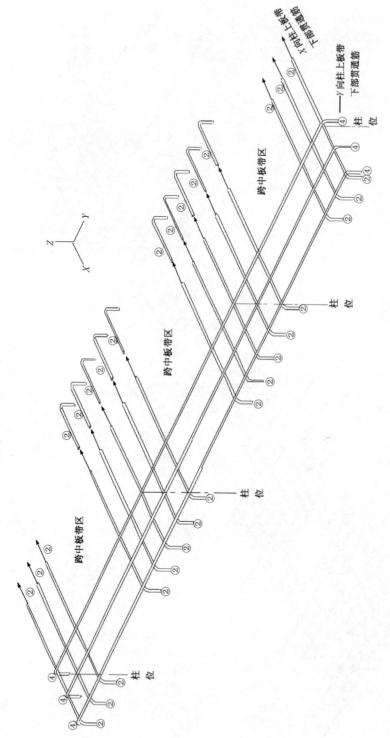

图 14-32 Y 向柱上板带下部筋

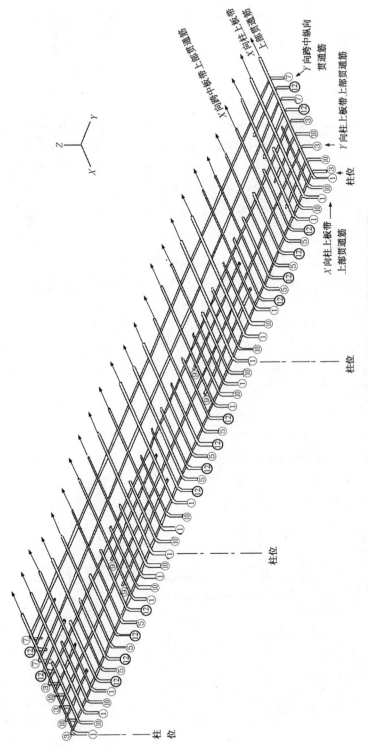

图 14-33 Y 向柱上板带边部上部筋（包括局部跨中板带上部筋）

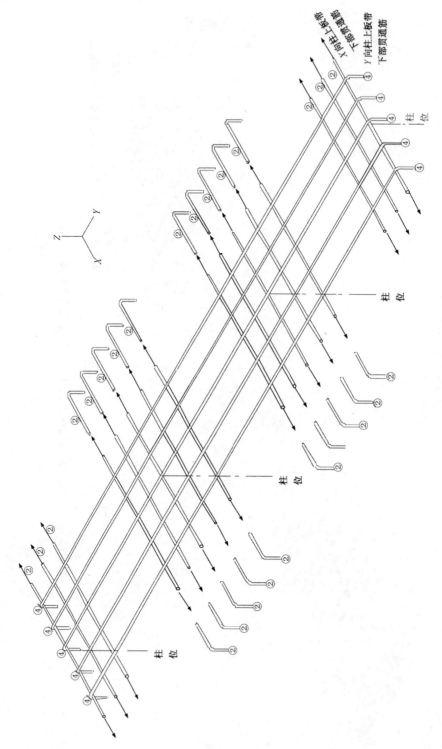

图 14-34 Y 向柱上板带边部下部筋

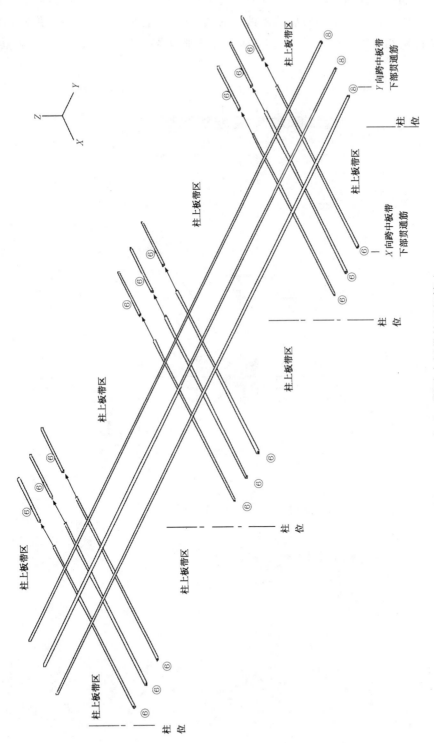

图 14-35 X 向及 Y 向跨中板带的下部筋

图14-35中的跨中板带区，既有 X 向的跨中板带下部筋，又有 Y 向的跨中板带下部筋。请注意，下部筋不存在负筋。

在图14-36中，由平面图中引出的斜线，旁边注有四行字：头一行写的是柱帽编号；第二行写的是柱帽几何尺寸；第三行写的是周围斜竖向纵筋；第四行写的是水平箍筋。

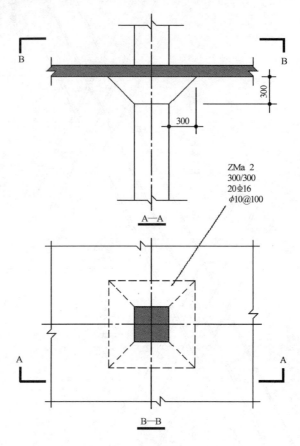

图14-36　柱帽的集中标注

第十五章 筏形基础

第一节 筏形基础的构造

筏形基础是建筑物与地基紧密接触的平板形的基础结构。筏形基础根据其构造的不同，又分为"梁板式筏形基础"和"平板式筏形基础"。

梁板式筏形基础，很像楼板构造中的楼板、梁和柱之间，倒过来的关系。

一、梁板式筏形基础

1. 底面一平的梁板式筏形基础

如图15-1平面图（俯视图），就是板的上方露出基础梁，基础下方是平的。

图15-2是图15-1的立体图。从立体图中可以看得出来，筏板的下面是平的。基础主梁在板的上面。基础主梁交汇的地方，是柱子。

梁板式筏形基础，也类似楼层中的梁和楼板之间的构造，有时也有次梁（这里叫基础次梁），见图15-3。次梁的两端，是以主梁为支点。

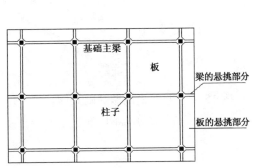 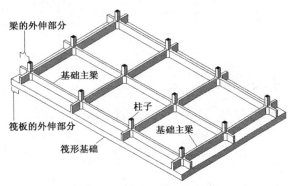

图15-1　梁板式筏形基础平面图　　　图15-2　梁板下平式（板有外伸悬挑）
　　　　　　　　　　　　　　　　　　　　　　筏形基础鸟瞰立体示意图

图15-4是图15-3的鸟瞰立体图示意图。次梁的两端是顶在基础主梁上。两种梁都落在筏板的上面。筏板的四周具有悬挑。

2. 顶面一平的梁板式筏形基础

图15-5是板在上面，梁先接触地面。基础的上表面是平的。从上面看，由于板把梁遮挡住了，所以梁的侧面成了两条虚线。

图15-6是图15-5的立体鸟瞰图示意图。

二、平板式筏形基础

平板式筏形基础是没有基础梁的筏形基础，当然基础的顶面和底面，也就都是平的了。

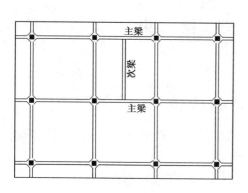

图 15-3 梁板式筏形基础中的基础次梁

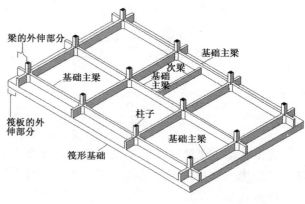

图 15-4 梁（兼有次梁）板（有外伸悬挑）下平式筏形基础鸟瞰立体示意图

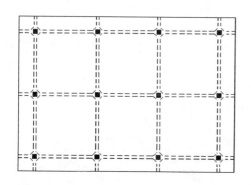

图 15-5 上平式筏形基础平面图

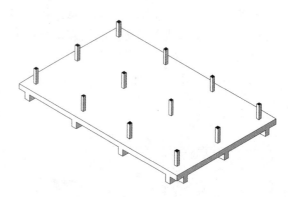

图 15-6 上平式筏形基础立体鸟瞰图示意图

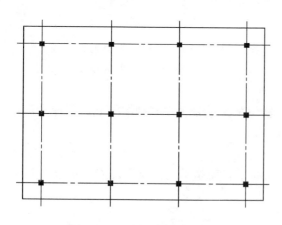

图 15-7 平板式筏形基础

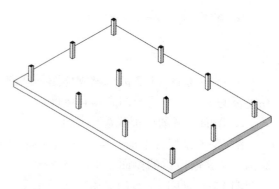

图 15-8 平板式筏形基础立体示意图

第二节　梁板式筏形基础梁的集中标注

一、梁板式筏形基础的基础主梁集中标注示例

1. 集中标注第一行示例

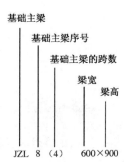

图15-9　梁板式筏形基础集中标注第一行示例1

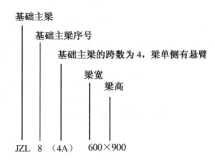

图15-10　梁板式筏形基础集中标注第一行标注示例2

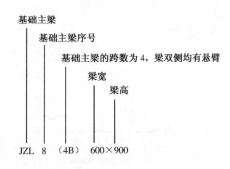

图15-11　梁板式筏形基础集中标注第一行示例3

2. 集中标注第二行示例

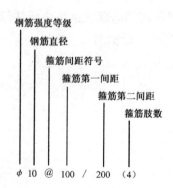

图 15-12 集中标注第二行示例 1

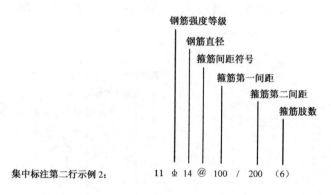

图 15-13 集中标注第二行示例 2

在集中标注第二行示例 2 中，在"Φ"的前面，有"11"字样。它指的是，箍筋加密区的箍筋道数是 11 道。请注意，箍筋加密区有两个，都是靠近柱子的区域。梁中间部分是箍筋的非加密区。另外，不论是箍筋的加密区或非加密区，肢数都是 6（就是 3 个钢箍），如图 15-14 所示。

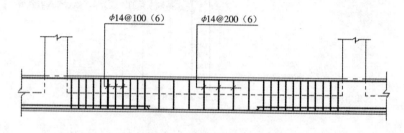

图 15-14 箍筋加密区与非加密区的标注

3. 集中标注第三行示例

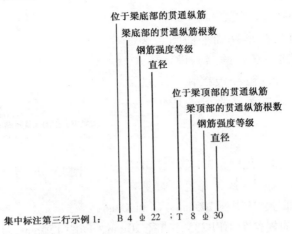

图 15-15　集中标注第三行示例 1

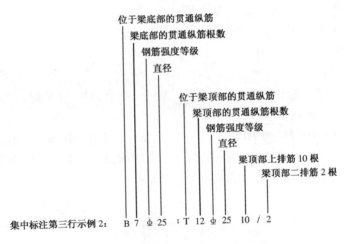

图 15-16　集中标注第三行示例 2

4. 集中标注第四行示例

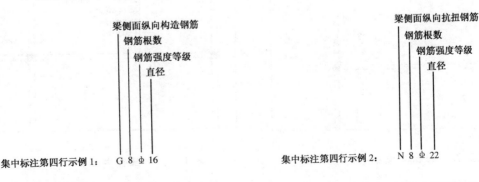

图 15-17　集中标注第四行示例 1　　　　图 15-18　集中标注第四行示例 2

5. 集中标注末行示例

6. 基础主梁集中标注示例之一

图 15-20 是梁板式筏形基础平面图。这是"高板位"（梁顶与板顶一平）的结构设计形式。梁的侧面，从上往下看，被筏板挡住，所以梁的投影是虚线。粗实线的表达部分，是柱子和墙。

图 15-19 集中标注末行示例

集中标注的内容：

第一行——基础主梁，代号为 3 号；"（4B）"表示该梁为 4 跨，并且两端具有悬挑部分；主梁宽 700mm，高 1100mm；

第二行——箍筋的规格为 HPB235，直径 10mm，间距 150mm，4 肢；

第三行——"B"是梁底部的贯通筋，8 根 HRB335 钢筋，直径为 25mm；
"T"是梁顶部的贯通筋，14 根 HRB335 钢筋，直径为 25mm；分两排摆放，一排 10 根，二排 4 根；

第四行——梁的底面标高，比基准标高低 0.91m。

7. 基础主梁集中标注示例之二

集中标注的内容：

第一行——基础主梁，代号为 4 号；（5）表示该梁为 5 跨，主梁宽 700mm，高 1100mm；

第二行——箍筋的规格为 HPB235，直径 14mm，间距 150mm，6 肢；

第三行——"B"是梁底部的贯通筋，14 根 HRB335 钢筋，直径为 25mm；

第四行——梁的底面标高，比基准标高低 0.91m。

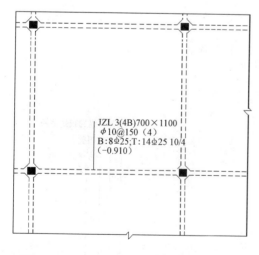

图 15-20 基础主梁集中标注示例之一

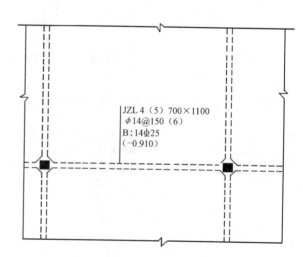

图 15-21 基础主梁集中标注之二

8. 不同于上述集中标注的一种习惯注法

如图 15-22 所示，也有的设计图，把主梁代号中加一个数字。如地下一层加"0"，二层加个"2"。另外，把第一行中的截面尺寸，移至第二行。余下顺移。

二、梁板式筏形基础的基础次梁集中标注

梁板式筏形基础的基础次梁集中标注，与梁板式筏形基础的基础主梁相同，只是梁的代号（JCL）不同而已。

第三节 梁板式筏形基础梁集中标注和原位标注的关系

图 15-23 梁中既有集中标注，又有原位标注。集中标注中除了梁的序号以外，别的都一样。这里再加解释一下原位标注的意义。梁的上部筋需要优先保证 14 ϕ25。梁的左边支座处下部筋需要 28 ϕ25，下部上排是 14 根，下部下排也是 14 根。两旁支座处下部筋 28 ϕ25 里，已经包含集中标注中的 B14 ϕ25 了。

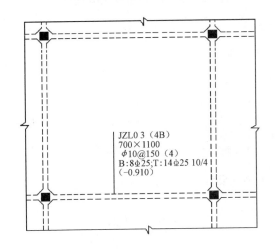

图 15-22 基础主梁集中标注中的习惯注法

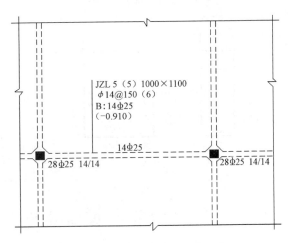

图 15-23 梁板式筏形基础的集中标注和原位标注

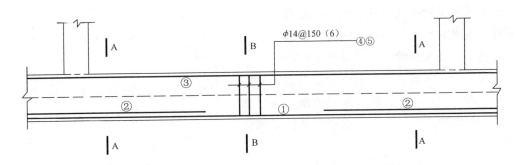

图 15-24 梁板式筏形基础的梁箍筋原位标注

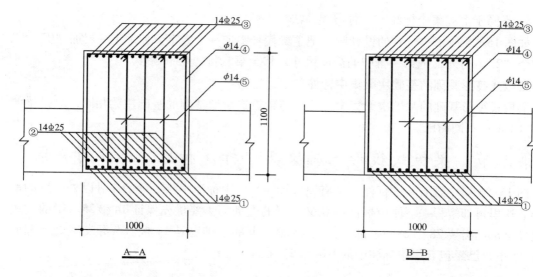

图 15-25　筏形基础梁截面图　　　　图 15-26　筏形基础梁截面图

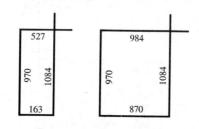

$$\frac{2}{13}(1000 - 2 \times 40 - 25) + 25$$
$$= \frac{2}{13} \times 895 + 25$$
$$= 163$$
$14.568 \times 25 = 364$
$364 + 163 = 527$

注：本设计中的基础主梁钢筋保护层厚度为 40mm。

图 15-27　筏形基础主梁箍筋计算

第四节　基础梁的平剖对照与钢筋读图

梁板式筏形基础是由"基础主梁"、"基础次梁"和"基础平板"组成。

一、基础主梁和板的上面是平的，且梁具有变截面悬挑

图 15-28 是梁板式筏形基础的俯视图。从上往下看，主梁的侧面看不见，画出了虚线。此类基础的优点，就是基础的上面是平整的。

仅从图 15-28 尚且看不出梁的挑出部分的构造。只有画出剖视图，才能显现得清楚。通过基础主梁的剖面图，可以看出，梁端部外伸显现变截面。

图 15-29 的分离钢筋，是从上部钢筋梁的图中，拆图（读图）"抽"出来的。

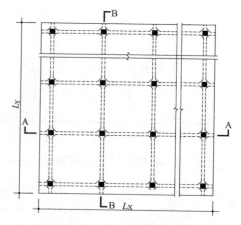

图 15-28　基础梁板平面图

基础主梁也叫做"反梁"。它和楼层里的主梁相似，所以，基础主梁里的钢筋，就像楼层里的主梁钢筋反放着似的。最明显的就是支座处的负筋。

根据平面图15-28和下面的剖面图15-29，可以解读为："梁与板的顶面位于同一水平面上。基础主梁为多跨梁，而且，两端均有悬挑。同时，梁的悬挑是上平下斜。"B_z是框架柱的宽度。图中"$L2k$或Lzk"，看做一个数据就可以了，不影响读图。如果，只看钢筋立面图和它的剖面图，能想出它下面的分离钢筋就达到读图的目的了。

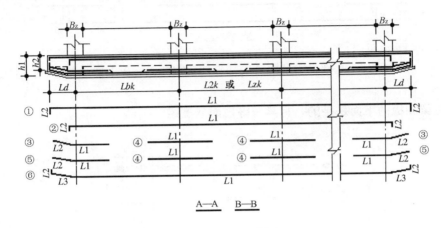

图15-29　基础主梁剖面图

二、基础主梁和板的下面是平的，且具有变截面悬挑梁

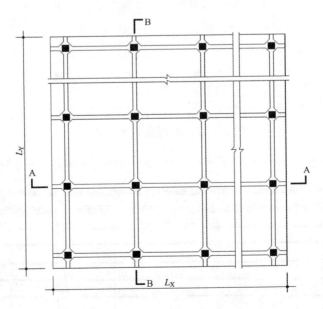

图15-30　基础梁板平面图

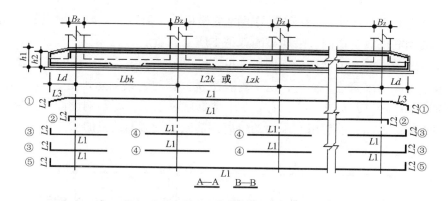

图 15-31 基础主梁剖面（端部外伸变截面，梁板下面平 bmp）

三、基础主梁和板的下面是平的，且具有等截面悬挑梁

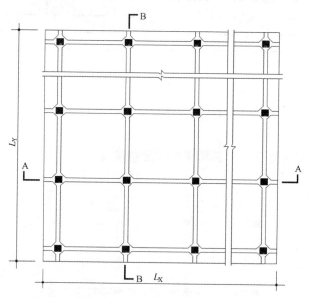

图 15-32 基础梁板平面图

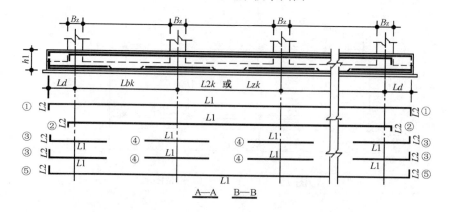

图 15-33 基础主梁剖面（梁端部外伸，梁板下面平 bmp）

四、基础次梁和板的上面是平的,且具有变截面悬挑梁

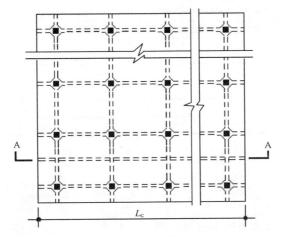

图 15-34 基础次梁

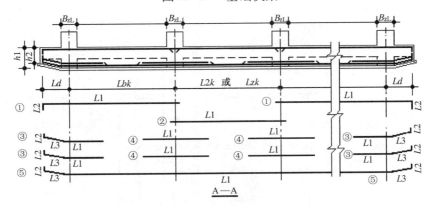

图 15-35 基础次梁剖图（端部外伸,变截面梁板上面平 bmp）

五、基础主梁、基础次梁和板的下面是一平的,且具有变截面悬挑梁

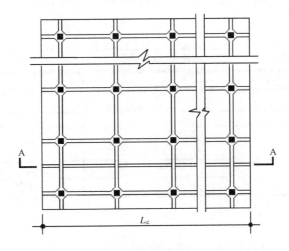

图 15-36 基础梁板平面图

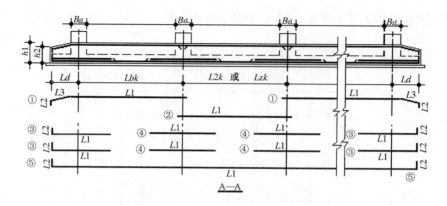

图 15-37 基础次梁剖面图

六、基础主梁、基础次梁和板的下面是一平的，仅基础主梁具有变截面悬挑梁，而基础次梁却没有悬挑

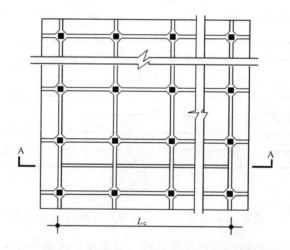

图 15-38 端部不外伸的基础次梁平面图

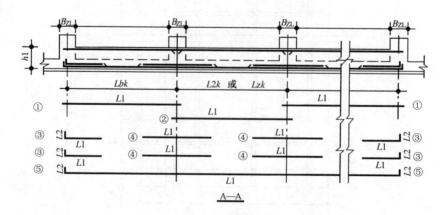

图 15-39 基础次梁剖图（端部无外伸）

第五节 梁板式筏形基础的平板标注

一、集中标注各行诠释示例

集中标注的第一行示例: LPB 12 h=1000

图15-40 集中标注第一行

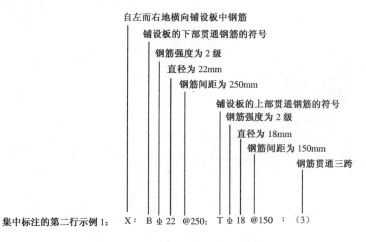

集中标注的第二行示例1: X: B⏀22 @250; T⏀18 @150 ; (3)

图15-41 集中标注第二行示例一

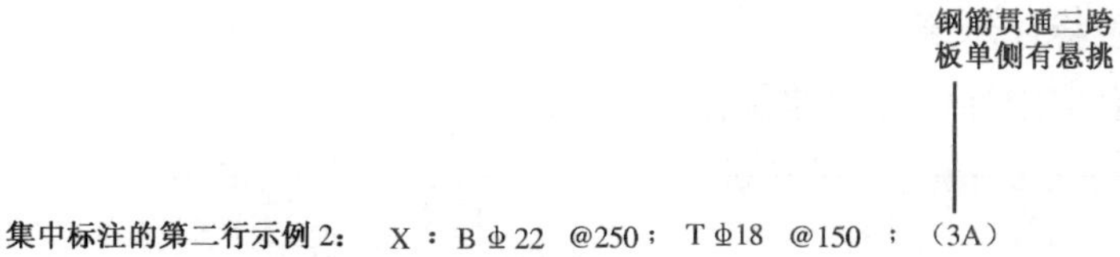

集中标注的第二行示例2: X: B⏀22 @250; T⏀18 @150 ; (3A)

图15-42 集中标注第二行示例二

集中标注的第二行示例3: X: B⏀22 @250; T⏀18 @150 ; (3B)

图15-43 集中标注第二行示例三

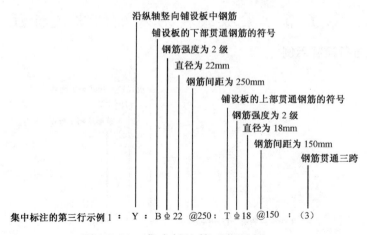

图 15-44　集中标注第三行示例一

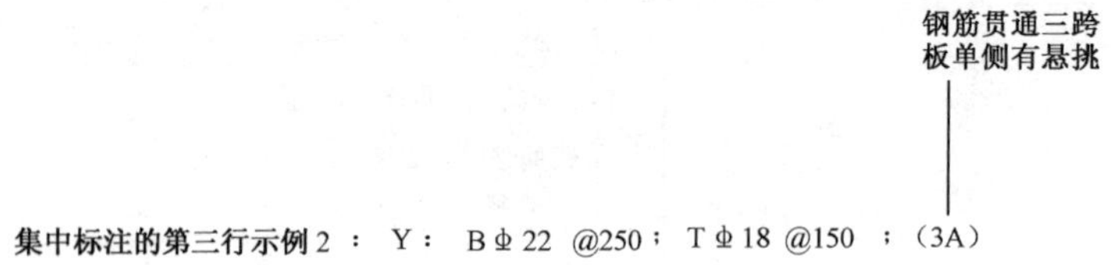

图 15-45　集中标注第三行示例二

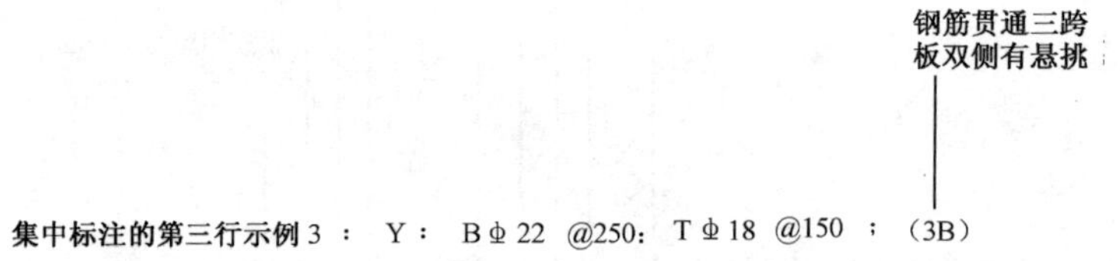

图 15-46　集中标注第三行示例三

二、平板的集中标注示例

三、平板的原位标注示例

下图是配合集中标注时的原位标注方法。

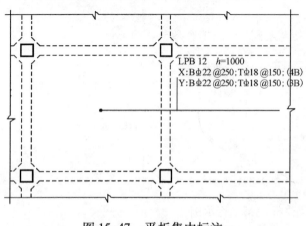

图 15-47　平板集中标注

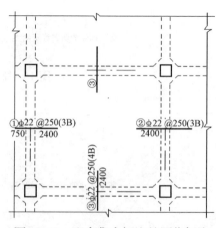

图 15-48　配合集中标注的原位标注

第六节　梁板式筏形基础的构造图示解读

图 15-49、图 15-50 和图 15-51，是用传统的图示方法，绘制的梁板式筏形基础平面图及其剖面图。

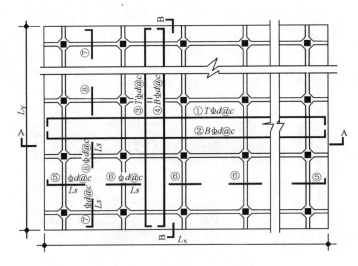

图 15-49　梁板式筏形基础平板平面（板端外伸 e.bmp）

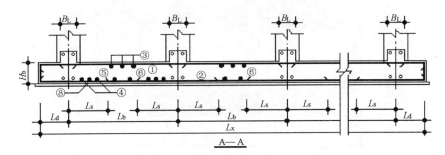

图 15-50　梁板式筏形基础平板剖面（板端外伸 f.bmp）

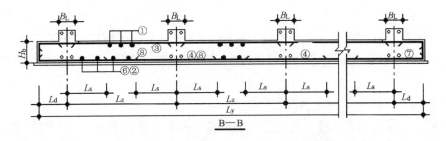

图 15-51　梁板式筏形基础平板剖面（板端外伸 g.bmp）

第七节　无基础梁平板式筏形基础

平板式筏形基础的配筋，分为柱下板带（ZXB）、跨中板带（KZB）和平板（BPB）

171

三种配筋标注方式。

一、柱下板带（ZXB）X 向区域集中标注

图 15-52 中阴影横条区域，是配置柱下板带 X 向贯通筋的区域。"ZXB1"表示为 1 号柱下板带。"（3B）"表示板为 3 跨，且其左右两端，向柱外伸出。图中"b"为柱下板带宽度；"h"为柱下板带厚度。"BΦ22@300"表示在板的下部，配置 HRB335 的钢筋直径为 22mm，间距为 300mm。"TΦ25@100"表示在板的上部，配置 HRB335 的钢筋直径为 25mm，间距为 100mm。

图 15-52 也是平法的标注方法。

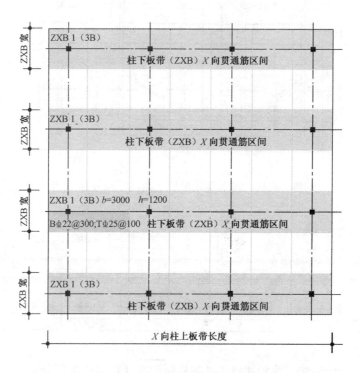

图 15-52 平板式筏形基础柱下板带 X 向贯通筋区间

图 15-53 是以图解形式，来解释柱下板带（ZXB1）X 向区域集中标注。

图 15-54 是用传统的制图方法，绘出的柱下板带（ZXB1）X 向区域集中标注诠释图。

二、柱下板带（ZXB2）Y 向区域配筋

图 15-56 中阴影竖条区域，是配置柱下板带 Y 向贯通筋的区域。"ZXB2"表示为 2 号柱下板带。"（3B）"表示板为 3 跨，且左右两端，向柱外伸出。图中"b"为柱下板带宽度；"h"为柱下板带厚度。"BΦ22@300"表示在板的下部，配置 HRB335 的钢筋直径为 22mm，间距为 300mm。"TΦ25@100"表示在板的上部，配置 HRB335 的钢筋直径为 25mm，间距为 100mm。

图 15-56 也是平法的标注方法。

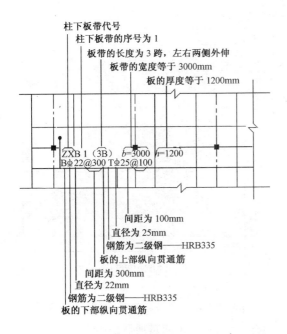
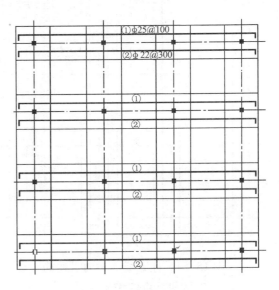

图 15-53　柱下板带 X 向的集中标注　　　　图 15-54　柱下板带 X 向贯通筋区间
　　　　　　　　　　　　　　　　　　　　　　　　　　相应传统配筋图

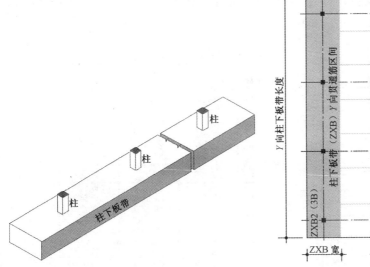
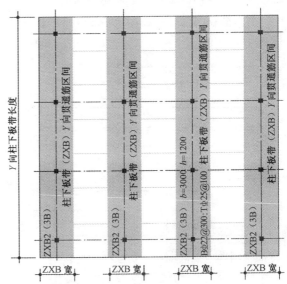

图 15-55　柱下板带之混凝土模板　　　　图 15-56　平板式筏形基础柱下板带
　　　　　　　　　　　　　　　　　　　　　　　　Y 向贯通筋区间

图 15-57 是用传统的制图方法，绘出的柱下板带（ZXB2）Y 向区域集中标注诠释图。

三、跨中板带（KZB1）X 向配筋区域

图 15-58 是跨中板带（KZB1）X 向配筋区域的圈定。图 15-58 也是平法的标注方法。读图方法同前。

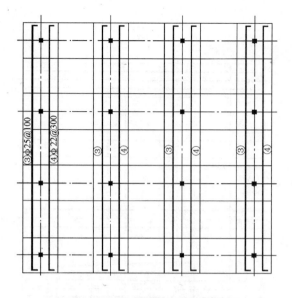

图 15-57 柱下板带 Y 向贯通筋
区间相应传统配筋图

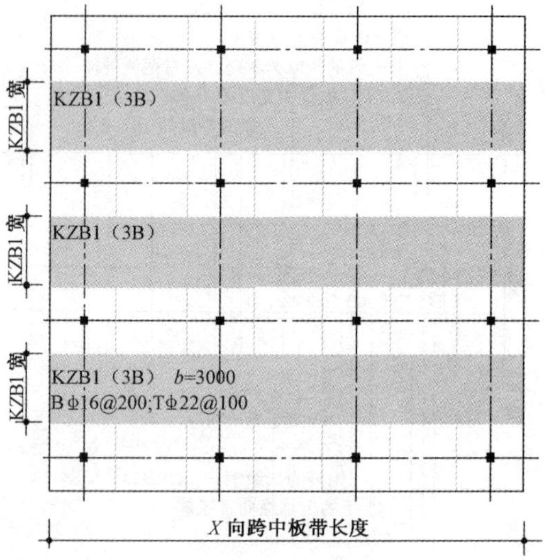

图 15-58 平板式筏形基础跨中板带
X 向贯通筋区间

图 15-59 是用传统的制图方法,绘出的跨中板带（KZB1）Y 向区域集中标注诠释图。

四、跨中板带（KZB2）Y 向区域配筋

图 15-60 是跨中板带（KZB2）Y 向配筋区域的圈定。图 15-60 也是平法的标注方法。读图方法同前。

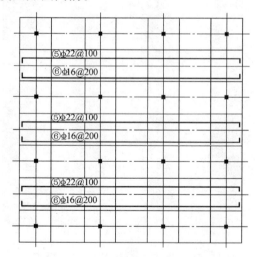

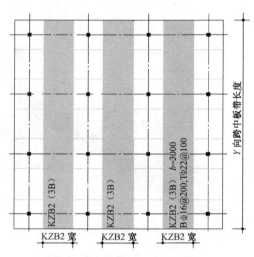

图 15-59 跨中板带 X 向贯通筋
区间相应传统配筋图

图 15-60 平板式筏形基础跨中板带
Y 向贯通筋区间

图 15-61 是用传统的制图方法,绘出的跨中板带（KZB2）Y 向区域集中标注诠释图。

五、具有板带构造（无基础梁）的平法原位标注

属于平法原位标注的钢筋,并不把所有的钢筋都画出来。是按类型代表来标注。比如

说，⑨号筋的意义，是沿板带方向的柱下底部负筋。而图15-62上画的是水平方向，是不是水平方向就没有了呢？不是的。注意，水平方向也有。前面画出底部负筋为水平方向的前提，是柱下板带方向是水平方向的。所以，当考虑Y向柱下板带时，它就必然又有了竖向的底部负筋了。⑩号筋和⑨号筋的意义是一样的。图中的⑪号筋和⑫号筋，就和它们就不同了。图中的⑪号筋和⑫号筋，在X向柱下板带中，起着分布的作用，借以绑扎固定柱下板带中的贯通筋。见图15-64。

图15-63就是用传统制图方法表达的柱下负筋。

图15-66是X向柱下板带与Y向柱下板带交汇处的局部立体示意图。

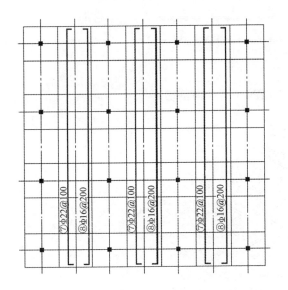

图15-61 跨中板带X向贯通筋
区间相应传统配筋图

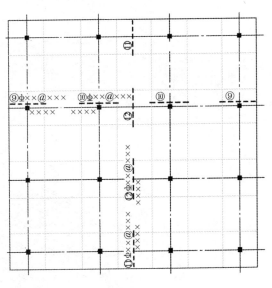

图15-62 无基础梁的平法原位标注

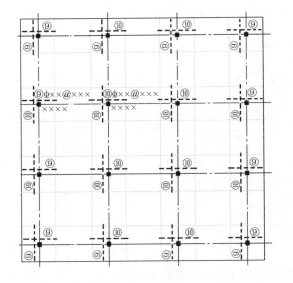

图15-63 柱下负筋的传统制图表达

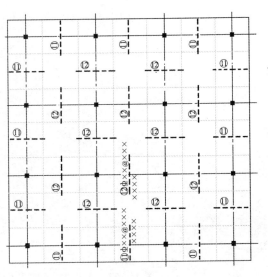

图15-64 跨中负筋的传统制图表达

图15-67是X向柱下板带与Y向跨中板带交汇处的局部立体示意图。

图15-68是X向跨中板带与Y向柱下板带交汇处的局部立体示意图。

图15-69是沿X向剖切跨中板带剖面图。

图15-70是X向跨中板带与Y向跨中板带交汇处的局部立体示意图。

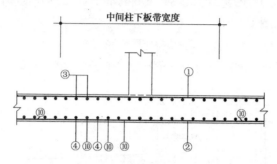

图15-65　柱下板带剖面图（沿X向剖切）

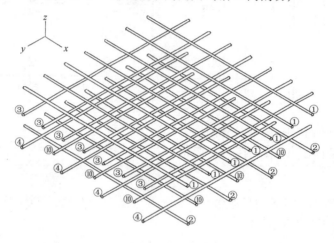

图15-66　X向与Y向柱下板带交汇处局部立体示意

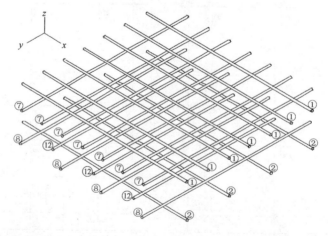

图15-67　X向柱下与Y向跨中板带交汇处局部立体示意

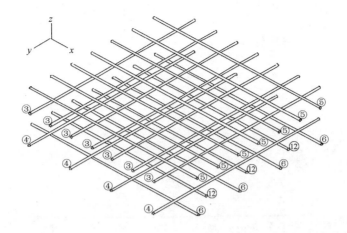

图 15-68　X 向跨中与 Y 向柱下板带交汇处局部立体示意

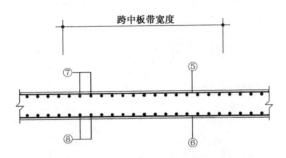

图 15-69　跨中板带剖面图（沿 X 向剖切）

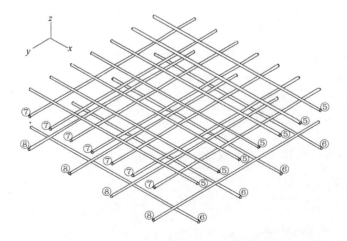

图 15-70　X 向与 Y 向跨中板带交汇处局部立体示意

第八节 无基础梁无板带的平板式筏形基础

一、基础平板（BPB）的集中标注
见图 15-71。

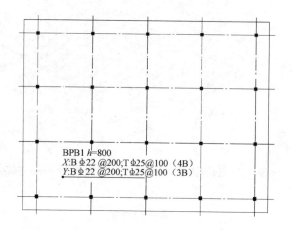

图 15-71 基础平板（BPB）的集中标注

二、基础平板（BPB）的原位标注
见图 15-72。

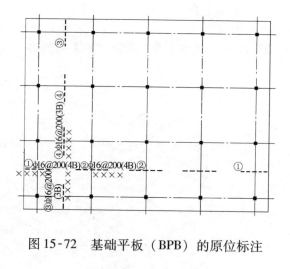

图 15-72 基础平板（BPB）的原位标注

后 记
——与本书有关的软件介绍

一、天德软件《平法制图钢筋加工下料计算软件 V1.0》及其理论依据《平法制图的钢筋加工下料计算》（中国建筑工业出版社出版），由哈尔滨工业大学高竞教授研发。该软件《平法制图钢筋加工下料计算软件 V1.0》为国内首创，理论著作与软件属于双重开发和双重自主创新。理论和软件是 2004 年国家扶持和拨款资助的高新技术开发项目。该软件 2006 年进行了计算机软件著作权登记，2007 年又进行了软件产品登记和天德软件注册商标登记。

平法制图钢筋加工下料计算软件是建筑工程专业性软件。软件由 6 个模块组成：包括平法框架钢筋自动下料计算；平法剪力墙钢筋自动下料计算；平法楼面和屋面钢筋下料计算；平法筏形基础钢筋下料计算；平法板式楼梯钢筋下料；非矩形箍筋自动下料计算。

软件遵循《混凝土结构设计规范 GB50010—2002》、《建筑抗震设计规范 GB5001—2001》、《混凝土结构工程施工验收规范 GB50204—2002》和《混凝土施工图平面整体表示方法制图规则和构造详图 03G101—1；03G101—2；04G101—3；04G101—4》开发研制，按"钢筋中性轴长度不变"的假说，考虑钢筋的量度差值，科学准确地推导出各种钢筋加工下料尺寸。

软件程序中，提供了科学的钢筋加工下料计算方法及其施工现场钢筋翻样图、施工现场钢筋提料数量和钢筋的重量等。

本软件只需输入设计文件提供的技术数据，如截面尺寸、钢筋直径、混凝土保护层厚度和钢筋级别等，便可精确计算钢筋加工和下料长度，并可输出钢筋下料明细表并附有翻样图。输出的报表，既可规范施工行为，又可充作工艺卡，极大地方便了钢筋技工下料及绑扎操作，并给监理工程师监督施工提供了可操作的依据，利于存档管理和检查监督，实现了建筑行业管理科学化和信息化。软件科学地解决了以往钢筋加工下料的粗放性和随意性，从而保证了工程质量。软件程序提供了工序中的钢筋就位，特别是框架中的顶层角柱和边柱。

软件能做到非同一般地提高工作效率。如悬臂外伸梁的箍筋，它是沿梁长方向改变高度的。用本软件，包括敲键盘的时间在内，只用一分钟，不但全部计算出所有不同高度的箍筋，而且打出具有统计的钢筋加工下料计算明细表，还有加工下料图和施工参考图。工作效率最快可以提高 110 倍左右，准确率 100%。

天德软件《平法制图钢筋加工下料计算软件 V1.0》，适用于全国各省市自治区。

二、天德软件《建筑工程内业》（建筑工程资料管理系统——土建、水暖、电气、安全和质量评定），是施工技术管理工作中的一项重要组成部分，涵盖了施工过程中全部技术文件（质量验收资料、质量保证资料、工程管理资料、监理管理资料、安全管理资料）。适用于建筑工程施工中的相关人员使用，如工程资料员、工程技术员、监理工程师、安全员和工程文件整理归档管理人员等。2001年本软件经黑龙江省建设厅鉴定为"全国领先"，并获哈尔滨市科学技术进步奖和黑龙江省建设厅科学技术成果证书。

天德软件《建筑工程内业》（建筑工程资料管理系统），适用地区包括：山西省；四川省；河南省；河北省；江西省；青海省；海南省；吉林省；陕西省；云南省；黑龙江省；山东省；安徽省；江苏省；贵洲省；福建省；辽宁省；湖南省；湖北省；广东省；重庆市；上海市；天津市；内蒙自治区；广西壮族自治区；宁夏回族自治区。

三、在《施工项目工程内业信息管理系统》（中国建筑工业出版社出版）一书中所附的光盘，内有天德软件《平法制图钢筋加工下料计算软件 V1.0》的操作演示版和天德软件《建筑工程内业》试用版。

天德软件《平法制图钢筋加工下料计算软件 V1.0》中，《平法框架钢筋自动下料计算》和《平法剪力墙钢筋自动下料计算》两软件，含加密锁共为人民币 800 元。

天德软件《建筑工程内业》（建筑工程资料管理系统）含加密锁为人民币 280 元。

销售：哈尔滨鹏达软件工作室或专业建筑书店。

地址：黑龙江省哈尔滨市香房区湘江科技公寓 405 栋 7 号门市，哈尔滨鹏达软件工作室。

邮编：150090

网址：www.hrbtiande.cn

联系电话：13945105927

参 考 文 献

1. 中华人民共和国建设部．混凝土结构设计规范 GB 50010—2002．北京：中国建筑工业出版社，2002
2. 中华人民共和国原城乡建设环境保护部．混凝土结构工程施工及验收规范 GB 50204—92．北京：中国建筑工业出版社，1997
3. 中华人民共和国国家标准．混凝土结构工程施工质量验收规范 GB 50204—2002．北京：中国建筑工业出版社，2002
4. 高竞．建筑工人速成看图．哈尔滨：黑龙江人民出版社，1955
5. 高竞．建筑工人速成看图讲授方法．哈尔滨：黑龙江人民出版社，1956
6. 高竞．钢结构简明看图．哈尔滨：黑龙江人民出版社，1958
7. 高竞，穆世昌．看图．哈尔滨：黑龙江人民出版社，1958
8. 高竞．怎样讲授建筑工人速成看图挂图．北京：建筑工程出版社，1959
9. 穆世昌译，高竞校．制图习题集．北京：高等教育出版社，1959
10. 高竞主编．画法几何及工程制图．哈尔滨：哈尔滨建筑工程学院，1978
11. 高竞．连续运算诺模图原理．哈尔滨：哈尔滨建筑工程学院，1980
12. 高竞．土建作业效率学．哈尔滨：哈尔滨建筑工程学院，1983
13. 高竞．最新快速图解设计_钢筋混凝土部分，1983
14. 高竞．技术经济与现代管理科学．哈尔滨：哈尔滨建筑工程学院，1985
15. 高竞．建筑工程概预算．哈尔滨：黑龙江人民出版社，1987
16. 高竞，高韶萍，高克中．建筑工程原理与概预算．北京：中国建筑工业出版社，1989
17. 高竞，高韶君，高韶明．怎样阅读建筑工程图．北京：中国建筑工业出版社，1998
18. 高竞．平法框架钢筋加工下料计算．哈尔滨：哈尔滨鹏达科技开发公司，2004
19. 高竞．平法剪力墙钢筋加工下料计算．哈尔滨：哈尔滨鹏达科技开发公司，2004
20. 高竞．平法楼梯钢筋加工下料计算．哈尔滨：哈尔滨鹏达科技开发公司，2004
21. 高竞．平法筏基础钢筋加工下料计算．哈尔滨：哈尔滨鹏达科技开发公司，2004
22. 高竞．平法楼板钢筋加工下料计算．哈尔滨：哈尔滨鹏达科技开发公司，2004
23. 高竞．平法非矩形箍筋加工下料计算．哈尔滨：哈尔滨鹏达科技开发公司，2004
24. 高竞，高韶明，高韶萍，高原，高克中．平法制图的钢筋加工下料计算．北京：中国建筑工业出版社，2005
25. 高竞，高韶君，高韶萍，高克中，高韶明．施工项目工程内业信息管理系统．北京：中国建筑工业出版社，2007

尊敬的读者：

感谢您选购我社图书！建工版图书按图书销售分类在卖场上架，共设22个一级分类及43个二级分类，根据图书销售分类选购建筑类图书会节省您的大量时间。现将建工版图书销售分类及与我社联系方式介绍给您，欢迎随时与我们联系。

★建工版图书销售分类表（见下表）。

★欢迎登陆中国建筑工业出版社网站 www.cabp.com.cn，本网站为您提供建工版图书信息查询、网上留言、购书服务，并邀请您加入网上读者俱乐部。

★中国建筑工业出版社总编室
  电 话：010—58934845
  传 真：010—68321361

★中国建筑工业出版社发行部
  电 话：010—58933865
  传 真：010—68325420
  E-mail：hbw@cabp.com.cn

建工版图书销售分类表

一级分类名称 (代码)	二级分类名称 (代码)	一级分类名称 (代码)	二级分类名称 (代码)
建筑学 (A)	建筑历史与理论（A10）	园林景观 (G)	园林史与园林景观理论(G10)
	建筑设计（A20）		园林景观规划与设计（G20）
	建筑技术（A30）		环境艺术设计（G30）
	建筑表现·建筑制图（A40）		园林景观施工（G40）
	建筑艺术（A50）		园林植物与应用（G50）
建筑设备· 建筑材料（F）	暖通空调（F10）	城乡建设·市政工程·环境工程 (B)	城镇与乡（村）建设（B10）
	建筑给水排水（F20）		道路桥梁工程（B20）
	建筑电气与建筑智能化技术（F30）		市政给水排水工程（B30）
	建筑节能·建筑防火（F40）		市政供热、供燃气工程（B40）
	建筑材料（F50）		环境工程（B50）
城市规划· 城市设计（P）	城市史与城市规划理论(P10)	建筑结构与岩土工程（S）	建筑结构（S10）
	城市规划与城市设计（P20）		岩土工程（S20）
室内设计· 装饰装修（D）	室内设计与表现（D10）	建筑施工·设备安装技术（C）	施工技术（C10）
	家具与装饰（D20）		设备安装技术（C20）
	装修材料与施工（D30）		工程质量与安全（C30）
建筑工程经济与 管理（M）	施工管理（M10）	房地产开发管理 (E)	房地产开发与经营（E10）
	工程管理（M20）		物业管理（E20）
	工程监理（M30）	辞典·连续出版物 (Z)	辞典（Z10）
	工程经济与造价（M40）		连续出版物（Z20）
艺术·设计 (K)	艺术（K10）	旅游·其他 (Q)	旅游（Q10）
	工业设计（K20）		其他（Q20）
	平面设计（K30）	土木建筑计算机应用系列（J）	
执业资格考试用书（R）		法律法规与标准规范单行本（T）	
高校教材（V）		法律法规与标准规范汇编/大全（U）	
高职高专教材（X）		培训教材（Y）	
中职中专教材（W）		电子出版物（H）	

注：建工版图书销售分类已标注于图书封底。